Hans-Gert Gräbe (Hrsg.)

Erfinderschulen, TRIZ und Dialektik
Rainer Thiel zum 90. Geburtstag

ROHRBACHER MANUSKRIPTE. Heft 20

LIFIS – Leibniz-Institut für Interdisziplinäre Studien
https://leibniz-institut.de

Rohrbacher Manuskripte Heft 20

Erfinderschulen, TRIZ und Dialektik

Rainer Thiel zum 90. Geburtstag

Hans-Gert Gräbe (Hrsg.)

LIFIS – Leibniz-Institut
für Interdisziplinäre Studien, Berlin 2020

Rohrbacher Manuskripte

herausgegeben von Hans-Gert Gräbe

Heft 20

Bibliografische Information der Deutschen Nationalbibliothek: Die Deutsche Nationalbibliothek verzeichnet diese Publikation in der deutschen Nationalbibliografie; detaillierte bibliografische Daten im Internet unter http://dnb.dnb.de.

Redaktion dieses Heftes: Hans-Gert Gräbe, Leipzig

Herstellung und Verlag: BoD – Books on Demand, Norderstedt

ISBN 9783751983228

Inhaltsverzeichnis

Vorwort

1. TRIZ[1] ist eine systematische Erfindungsmethodik, die seit den 1950er Jahren auf dem Gebiet der ehemaligen Sowjetunion entwickelt wurde und besonders nach 1990 weltweite Verbreitung gefunden hat. Im Gegensatz zum spekulativen Charakter vieler anderer Kreativmethodiken geht TRIZ von einer *systematischen* Analyse erfindungsmethodischer Erfahrungen vor allem im ingenieurtechnischen Bereich aus. Genrich Saulowitsch Altschuller – der Nestor von TRIZ – hat hierfür eine größere Anzahl von Patentschriften analysiert und biografische Aufzeichnungen bekannter Erfinder ausgewertet.

Seit Mitte der 1970er Jahre waren mit [1], [2] und [3] einzelne zentrale TRIZ-Publikationen auch in deutscher Übersetzung verfügbar und fanden im Kreis der „Verdienten Erfinder"[2] um Michael Herrlich und andere Interesse und Beachtung. Aus diesen Wurzeln entstand die Erfinderschulbewegung der DDR der 1980er Jahre, die in den zwei Varianten ProHEAL als *Programm des Herausarbeitens von Erfindungsaufgaben und Lösungsansätzen* (Rindfleisch, Thiel) und WOIS als *Widerspruchs-Orientierte Innovations-Strategien* (Linde) auch einen eigenständigen Beitrag zur Weiterentwicklung der TRIZ-Methodik leistete. Diese Entwicklungen fanden nach 1990 ein schnelles und jähes Ende, die Erfahrungsschätze jener Zeit warten noch immer auf eine systematische Aufarbeitung.

[1]TRIZ ist ein russisches Akronym und steht für Теория решения изобретательских задач – Theorie der Lösung von Erfindungsaufgaben.

[2]Der Titel eines *Verdienten Erfinders* wurde seit 1950 vergeben und brachte nicht nur Ehre und Anerkennung der besonderen sozialen Rolle eines Erfinder mit sich, sondern seine Träger bildeten auch einen gesellschaftlichen Kontext, der für die aufstrebende Erfinderschulbewegung wichtig war.

Es mag als Ironie der Geschichte erscheinen, dass sich zur gleichen Zeit Altschullers Schüler über die Welt verteilten und die TRIZ-Methoden damit vor allem in den aufstrebenden asiatischen Industrienationen (Südkorea, China, Japan, Indien), den USA und Israel Wurzeln geschlagen haben. Nch einem kurzen Intermezzo der Abkürzung TIPS als *Theory of Inventive Problem Solving* hat sich das russische Akronym TRIZ in dieser latinisierten Schreibweise selbstbewusst als Bezeichnung auch international durchgesetzt. Mit der MATRIZ[3] gibt es seit 1997 eine Internationale TRIZ-Assoziation, die auch das unter Altschuller eingeführte fünfstufige Zertifikationssystem weiterführt. Bis jetzt wurden 108 TRIZ Level 5 (Master), 132 TRIZ Level 4, 1769 TRIZ Level 3, 7555 TRIZ Level 2 und 20 841 TRIZ Level 1 Zertifikate vergeben[4]. Im Jahr 2000 gründete sich mit ETRIA[5] auch eine Europäische TRIZ-Assoziation.

2. Diese Entwicklungen sind Teil eines fundamentalen Wandels des gesellschaftlichen Wissensregimes, der sich mit dem Übergang zu einer industriellen Produktionsweise in den letzten 150 Jahren vollzogen hat. Während *theoria cum praxi* zu Leibniz' Zeiten noch eine eher theoretische Forderung war, ging die Herausbildung der modernen Produktionsweise mit sehr *praktischen* Strukturierungen einer engeren Bindung der reproduktiven Prozesse von produktiver und kreativer Basis einher. In Leipzig lässt sich dies von der 1838 erfolgten Gründung der *Königlich-Sächsischen Baugewerkenschule* unter Albert Geutebrück über die 1875 eingerichtete *Städtische Gewerbeschule* als historischer Wurzel einer ingenieurwissenschaftlichen Ausbildung im Maschinenbau und in der Elektrotechnik, verschiedene Ingenieurschulen, die Zusammenfassung jener in der Leipziger In-

[3] `https://matriz.org`

[4] Quelle: Webseiten der MATRIZ.

[5] `http://etria.eu/portal/`

genieurhochschule im Jahr 1969 und schließlich die 1977 erfolgte Gründung der Technischen Hochschule Leipzig nachzeichnen. Neben der klassischen *universitas litterarum*, die in jener ersten Hälfte des 20. Jahrhunderts mit der Aufspaltung der alten Philosophischen Fakultät in eine geisteswissenschaftliche und eine mathematisch-naturwissenschaftliche ihr eigenes Schisma zu verarbeiten hatte, etablierte sich *Technik als Wissenschaft* an verschiedenen renommierten Technischen Universitäten weltweit, welche der „alten“ *universitas litterarum* Rang und Bedeutung mittlerweile streitig machen.

„Produkt“ jener Ausbildungsstätten war und ist die Profession des *Ingenieurs* als wesentlicher Leistungsträger jener neuen Produktionsweise, in welcher „es nicht mehr der Arbeiter ist, der modifizierten Naturgegenstand als Mittelglied zwischen das Objekt und sich einschiebt; sondern den Naturprozess, den er in einen industriellen umwandelt“ (MEW 42, S. 592). Jener Berufsstand, der auf neue Weise Hand- und Kopfarbeit vereinigt und zugleich *struktureller* Träger von Kreativität ist, bildet Erfahrungsreservoir und Target zugleich einer *Theorie des Lösens innovativer Probleme.* Es mag als weitere Ironie der Geschichte erscheinen, dass mit TRIZ eine solche Theorie an den Rändern des sozialistischen Gesellschaftsexperiments entwickelt wurde, verkennt aber möglicherweise die Triebkräfte, die eine solche nachholende Modernisierung freizusetzen vermag.

3. In den letzten 20 Jahren ist auch im (west)-europäischen Kulturraum das Interesse an TRIZ als Theorie oder, genauer, als Methodologie des schöpferischen Problemlösens deutlich gestiegen. Allerdings scheint selbst die *Möglichkeit* von „Schöpfertum als exakter Wissenschaft“ [3] in einem hochgradig psychologisch aufgeladenen und mit entsprechender Ratgeberliteratur überschwemmten Gebiet nicht gegeben. So richten sich die Managementtheorien der Entwicklung entsprechender *human resources* primär auf die *Bedingungen* – meist ebenfalls psychologischer Art –, unter denen sich Schöpfertum entfalten könne.

Solchen Theorien, in denen das schöpferische Subjekt als Objekt von Managementprozessen erscheint, steht mit TRIZ ein Theoriegebäude gegenüber, das aus der *Selbstreflexion des Handelns schöpferischer Subjekte* zunächst vor allem im technisch-ökonomischen Bereich erwachsen ist. Mit dem Thema *TRIZ und Business*, das sich inzwischen mit der IBTA, der *International Business TRIZ Association*[6], auch in einer eigenständigen internationalen Vereinigung organisiert hat, ist ein weiterer Schritt getan, diese managementtheoretischen Ansätze zusammenzuführen. Allerdings bleibt auf diesem Weg noch einiges zu tun, denn die strikte Betonung der „Nicht-Technizität“ von Managementhandeln verkennt den hohen algorithmischen Gehalt gerade von standardisierten Management-Entscheidungen. Rollen, Rollenbilder, Qualifikationsvoraussetzungen, Zertifizierungen und Assessments spielen in jenen Bereichen eine kaum weniger wichtige Rolle als in klassischen ingenieur-technischen Berufsprofilen.

4. Derartige Fragen standen bereits in den 1980er Jahren auf der Agenda der DDR-Erfinderschulen. Sich dieser Erfahrungen zu erinnern und sie positiv in das TRIZ-Erbe aufzunehmen erscheint dem Herausgeber dieses Sammelbandes nicht nur für einen innerdeutschen Diskurs wichtig, sondern auch für die Weiterentwicklung des TRIZ-Methodikrahmens insgesamt. Viele Fragen, die sich heute insbesondere aus widersprüchlichen „nicht-technischen“ Anforderungen ergeben, standen bereits damals auf der Tagesordnung der Erfinderschulen im Kampf gegen sich zunehmend verschlechternde

[6] `http://www.biztriz.net/`.

Rahmenbedingungen des ökonomischen Handelns der Kombinate. Die relativ zentralistischen internen Entscheidungsstrukturen mit dem Kombinatsdirektor als „CEO“, wie man es heute bezeichnen würde, waren ein guter Resonanzboden, die widersprüchliche Entwicklung von gesellschaftlich Notwendigem und technisch Machbarem nicht nur zu analysieren, sondern auch zu praktisch umsetzbaren Handlungsoptionen weiterzuentwickeln. Auch wenn dieser Versuch im Großen 1990 letztlich gescheitert ist, so weisen gerade die Ansätze der Analyse *technisch-ökonomischer Widersprüche*, die in den Erfinderschulen entwickelt wurden, in eine Richtung, in der heute im Bereich *TRIZ und Business* ähnliche Fragen neu diskutiert werden.

5. In diesem Sammelband können allein eine Reihe von Bedingungen der Möglichkeit einer solchen Entwicklung angerissen werden. Für eine vertiefte Darstellung der Prozessdimension jener Jahre sei auf [7] verwiesen, für tiefergehende inhaltliche Aspekte auf die allerdings schwierig zugänglichen Originalmaterialien jener Zeit. LIFIS plant, derartige Materialien schrittweise in digitaler Form zu republizieren und so auch für eine weitere Aufbereitung mit entsprechenden digitalen Werkzeugen, insbesondere für Übersetzungen in andere Sprachen, zugänglich zu machen. Eine erweiterte und von Rainer Thiel überarbeitete Form eines der KdT-Lehrbriefe wird als Band 21 der Rohrbacher Manuskripte erscheinen.

6. Wie der Titel „TRIZ und Dialektik“ schon andeutet, steht im Mittelpunkt unseres Workshops auch weniger eine Leistungsschau der DDR-Erfinderschulen als vielmehr ein Thema, das Rainer Thiel seit über 50 Jahren beschäftigt: Welche Rolle spielen widersprüchliche Anforderungssituationen in unserem Leben? Sind solche Widersprüche allein der aktuellen Begrenztheit unseres Erkenntnisstandes geschuldet oder entwickelt sich die Welt *inhärent* widersprüchlich? Ist also Welt sinnvoller *dynamisch* statt *deontisch* zu fassen, als *Werden* statt als *Sein*? Was folgt auf den Zustand, in dem „alle Verhältnisse umgeworfen sind, in denen der Mensch ein erniedrigtes, ein geknechtetes, ein verlassenes, ein verächtliches Wesen ist“ (MEW 1, S. 385)? Ist dies allein ein *Ideales Endresultat* im besten TRIZ-Verständnis oder liegen in der Unterschätzung der Widersprüche einer *freien Gesellschaft* auch Wurzeln des Scheiterns des Sozialismusexperiments des 20. Jahrhunderts? In welchem Verhältnis stehen Kants Philosophie eines kategorischen Imperativs, Hegels Philosophie des Werdens und die TRIZ-Methodik zueinander und zur *vernünftigen* Gestaltung unseres Zusammenlebens?

Ken P. Kleemann spürt in seinem Beitrag der philosophische Dimension der engen Verquickung von praktisch-kreativer Lösung widersprüchlicher Anforderungssituationen und einer angemessenen Adjustierung dialektischer Denk- und Handlungsweisen in ihrer historischen Entwicklung genauer nach. Spannend hierbei, dass die praxisphilosophischen Ansätze, die in der DDR der 1960er Jahre entwickelt wurden, ingenieur-technischen Praxen deutlich näherstehen als selbst rezente Versuche des „Making it explicit“ einer Refundierung der analytischen Philosophie.

7. Eine etwas engere historische Perspektive nimmt *Hans-Gert Gräbe* in seinem Betrag ein, der die TRIZ-Methodik auf die sozialen Prozesse der historischen Entwicklung kreativer Potenziale in drei Jahrzehnten DDR-Geschichte anwendet, um die Wurzeln zu analysieren, aus denen die Erfinderschulen der 1980er Jahre gewachsen sind.

Diese historischen Prozesse werden im Detail in *Rainer Thiels Beitrag über Erfinderschulen* nachgezeichnet. Bei diesem Beitrag handelt sich um den Nachdruck eines bereits 2016 in LIFIS-Online erschienen Textes.

8. TRIZ ist weniger eine fertige Methodik als vielmehr eine Anleitung zur Entwicklung der eigenen schöpferischen Fähigkeiten[7]. Zum TRIZ-Theoriekorpus gehört deshalb nicht nur eine systematische Methodik zur Analyse widersprüchlicher Anforderungssituationen, sondern auch eine *Theorie des Lebens schöpferischer Persönlichkeiten*[8]. Altschuller hat hierfür die Biografien bekannter Erfinder analysiert und festgestellt, dass sich deren Erfolge vor allem aus zwei Quellen speisen – aus Beharrlichkeit und der Verfolgung eines „würdigen Ziels im Leben" auch unter ungünstigen Umständen. Genialität und Geistesblitze, die gewöhnlich mit Schöpfertum verbunden werden, haben ihre Basis in einer solchen, über viele Jahre gewachsenen Aufmerksamkeitsstruktur.

Rainer Thiel beschreibt für sich selbst in seiner Autobiografie [9], wie diese Aufmerksamkeitsstruktur bereits von jungen Jahren an gewachsen ist und von ihm nahestehenden Personen befördert wurde. Nicht ganz so klar wird der für Altschuller ebenso wichtige Aspekt eines *würdigen Lebensziels.* Die Ausführungen in der einschlägigen TRIZ-Literatur über Beharrlichkeit, Zielstrebigkeit und Durchsetzungsvermögen sind eher ein Plädoyer für eine *unternehmerische Persönlichkeit* und verweisen mit dem Begriff der *Häresie*

[7]Ein gängiger TRIZ-Slogan argumentiert: „Der Zweck der TRIZ ist es, dem Hungrigen eine Angel zu geben und nicht einen gefangenen Fisch".

[8]Dieser TRIZ-Part einer „Theorie der Entwicklung und Lebensstrategie schöpferischer Persönlichkeiten" liegt nicht in deutscher Übersetzung vor. Eine Literaturübersicht dazu (in Russisch) ist in [3.2, 6] zu finden. Siehe auch [4], [5] und [10].

[5] auf einen wesentlichen Widerspruch nicht nur des realsozialistischen, sondern jedes autoritär-etatistischen Gesellschaftsmodells. Das schöpferische Potenzial *kooperativer* Strukturen, in denen das Ganze deutlich mehr als die Summe der Teile ist, bleibt dabei unterbelichtet. Hier bietet die durch vielfache Wendungen des Lebens gebrochene Biografie von Rainer Thiel viel Unabgegoltenes. In diesen Band ist der Nachdruck einer *Besprechung der Autobiografie* [9] von Hans-Gert Gräbe aufgenommen, die erstmals im Heft 18 der Rohrbacher Manuskripte publiziert wurde.

9. Den Abschluss bildet ein *weiterer Beitrag von Rainer Thiel*, den er auf der legendären, von Klaus Fuchs-Kittowski im Jahr 2007 unter Federführung der Leibniz-Sozietät organisierten Kybernetik-Konferenz[9] hielt und der in gewisser Weise einen Schlusspunkt in einer Debatte um „Lehrbarkeit von Dialektik" setzte, die in den 10 Jahren vorher mit Rainer Thiels Buch [8] sowie insbesondere mit der „Dialektik-Debatte" in der Zeitschrift „EWE"[10] geführt worden war. Schlusspunkt nicht in dem Sinne, dass sich danach alle einig waren, sondern dass von einem anderen Teilnehmer jener Debatte zu Thiels weiteren Einlassungen schlicht geantwortet wurde, die Argumente seien ausgetauscht. Die Debattenverweigerung war mit Händen zu greifen, das Thielsche „Sondervotum" schließt allerdings mit bemerkenswerter Klarheit an die Kleemannsche Argumentation an.

[9] Unter `http://www.leipzig-netz.de/index.php/HGG.2019-09` sind hierzu einige Aufzeichnungen zusammengetragen.

[10] Siehe `https://groups.uni-paderborn.de/ewe/indexe27e.html`.

Literatur

[1] G. Altschuller. Erfinden – (k)ein Problem. Berlin 1973. Original: Алгоритм изобретения (Der Algortihmus des Erfindens). Moskau 1969.

[2] G. Altschuller, A. Seljuzki. Flügel für Ikarus. Über die moderne Technik des Erfindens. Leipzig 1983. Original: Крылья для Икара: как решить изобретательские проблемы. Petrozavodsk 1980.

[3] G. Altschuller. Erfinden – Wege zur Lösung technischer Probleme. Berlin 1984. Original: Творчество как точная наука (Schöpfertum als exakte Wissenschaft). Moskau 1979.

[4] G. Altschuller, I. Wertkin. Рабочая книга по теории развития творческой личности (Arbeitsbuch zur Entwicklung schöpferischer Persönlichkeiten). — Kischinjow 1990.

[5] G. Altschuller, I. Wertkin. Как стать еретиком: Жизненная стратегия творческой личности (Wie Häretiker werden: Lebensstrategie schöpferischer Persönlichkeiten). In: A. Seljutzki (Hrsg). Как стать еретиком (Wie Häretiker werden). Petrozavodsk 1991.

[6] V. Petrov, M. Rubin, S. Litvin. Основы знаний по ТРИЗ (Der TRIZ-Wissenskorpus). Erstpublikation 2007. Neuauflage 2020. ISBN 978-5-4496-8183-6.

[7] H.-J. Rindfleisch, R. Thiel. Erfinderschulen in der DDR. Berlin 1994. ISBN 3-930412-23-3.

[8] R. Thiel. Allmählichkeit der Revolution. Blick in sieben Wissenschaften. Berlin 2000. ISBN: 978-3-8258-4945-7.

[9] R. Thiel. Neugier – Liebe – Revolution. Berlin 2010. ISBN 978-3-86465-060-4.

[10] I. Wertkin. Бороться и искать ... О качествах творческой личности (Kämpfen und suchen ... Über die Qualitäten einer schöpferischen Persönlichkeit). In: A.B. Seljutzki (Hrsg). Нить в Лабиринте (Der Faden im Labyrinth). Petrozavodsk 1988.

Hans-Gert Gräbe
Leipzig, im August 2020

Dialektik der kreativen Innovation

Ken Pierre Kleemann, Leipzig

Digitalisierung ist zum Epochenbegriff geworden und fordert die Wissenschaftler und Ingenieure, aber auch Politiker und zivilgesellschaftliche Akteure. Eine Veränderung, welche jeden betrifft und selbst noch in der Entfaltung ist, stellt extreme Anforderungen sowohl an die Erstellung der Infrastruktur als auch an ihre Einbettung und Umsetzung in unseren alltäglichen Verhaltensformen. Eine derartige sozio-technische Veränderung erzeugt nicht nur einen Druck auf die politischen Verfahrensweisen, sondern einen allgemeinen Innovationsdruck in der ganzen Gesellschaft. Doch wird nicht auf eine strukturelle und soziale Gestaltung der Bedingungen der Möglichkeit für derartiges Erfinden gesetzt, sondern der Mythos einer fantasievollen und spontanen Kreativität gepflegt. Dieses Bild einer genialen Spontanität ist ein echtes philosophisches Problem, denn es wird nicht nur ein problematisches Menschenbild gepflegt, sondern auch die Vorstellung eines unstrukturierten Umschlages von Quantität in Qualität in einer eigenwilligen Vorstellung von Dialektik tradiert.

In einem ersten Schritt wird es folglich um dieses neue heilige Triumvirat gehen: Digitalisierung, Innovation, Kreativität. In einem zweiten Schritt wird das Problem der Spontanität zur neueren Entwicklung der Philosophie der letzten Jahre in Verbindung gebracht. Daraus wird sich in einem nächsten Schritt das Problem des verwendeten Bildes der Spontanität als philosophisches und historisches Bild ergeben. Im vierten Schritt wird es somit möglich, die Dialektikdiskussion in der DDR als Erfahrung und Inspiration zu beleuchten, und in einem weiteren Schritt die alternativen Formen einer derartig theoretisch gestützten Praxis deutlich zu machen. Im sechsten Schritt kann so die theoretische und praktische Leistung Rainer Thiels gewürdigt werden, welche sich nicht nur auf die Einführung von TRIZ beschränkt. Erfinderschulen sind auch heute noch eine Chance, die Bedingungen der Möglichkeit von Innovationen fruchtbar zu machen und dennoch dem mythischen Bilde der spontanen Kreativität Raum zu geben, auch ohne die Tradierung eines mehr als problematischen philosophischen Erbes.

1. Kreative Innovation und das Problem der Spontanität

In mantrischen Zügen erschallt das neue heilige Triumvirat durch Fachzeitschriften und Feuilletonartikel: Digitalisierung, Innovation, Kreativität. Unleugbar stehen wir heute in einer Entwicklung, die nicht nur Arbeits- und Verfahrensweisen ändert, sondern auch die Vorstellungen über unser Verhalten entscheidend umgestaltet. Seit nunmehr fast fünfzehn Jahren ist das, was man einst Datenverarbeitung und Computerisierung nannte, in eine neue und qualitativ andere Phase getreten. Nullen und Einsen, Bits und Bytes, Zeichensätze und Programmiersprachen sind nicht nur in riesigen Datenverarbeitungszentren erfasst, sondern durch das Internet vernetzt und in sich relatiert.

Diese Digitalisierung arbeitet nicht mehr einfach mit der Rekursivität einzelner Rechenoperationen, sondern mit einer versprachlichten und verlinkten Wissensbasis. Diese ist mitnichten „einfach programmiert“, sondern in einem langen historischen Prozess von vielen Akteuren erstellt und entwickelt worden. Semantische Technologien und die – wohlgemerkt nicht philosophischen – Ontologien sind digital-sprachlich erfasste Nachbildungen unserer alltäglichen begrifflichen Kategorisierungen; sie sind digitale Begriffe und Relationen, welche sich aus dem Vollzug unserer alltäglichen und durch digitale Geräte gestützten Urteilspraxen nicht nur ergeben, sondern gleichzeitig diese umgestalten.

Neben den Schreckgespenstern des *gläsernen Menschen* oder des *totalen Überwachungsstaats* werden echte Optionen einer humanen sozio-technischen Infrastruktur möglich[1]. Der digitale Behaviorismus[2] ist somit nicht allein die Möglichkeit der Abrichtung durch neue Pawlowsche Glöckchen, sondern das echte und umfassende Begreifen und Gestalten wirklicher menschlicher Lebensvollzüge. Big Data Analyse ist nicht einfach die quantitative Erfassung und Steuerungsmöglichkeit einer beschleunigten Gesellschaft, sondern auch Auswertung, Abgleich und Verwendung digitalisierter Lebensweisen. Der sogenannte *digitale Wandel* fordert somit nicht allein einen Breitbandausbau oder ein 5G Netz, sondern die Anwendung und Veränderung unserer täglichen Lebensweise und die gleichzeitige Adaption und Veränderung der technologischen Grundlagen. Der Sinn des Begriffs einer *sozio-technischen Infrastruktur* erhält dementsprechend eine sehr weite Konnotation, welche sich in ihrer Bedeutung nicht auf die Gründung von innovativen Start-ups oder einer volkswirtschaftlichen Ausrichtung von einer Markt- auf eine Technologieführung beschränken kann. Digitalisierung unserer soziotechnischen Infrastruktur bedeutet immer auch, die Bedingungen der Möglichkeit für jegliche Innovation in den Blick zu nehmen und für die gesellschaftliche Gestaltung fruchtbar zu machen.

Damit lässt sich Digitalisierung und Innovation kaum noch trennen von dem, was gebräuchlicherweise *Kreativität* genannt wird. Fantasie, Genialität und ein gewisses unkonventionelles ästhetische Erleben werden dabei kolportiert und in eine Zwangssynonymisierung

[1]Hans-Gert Gräbe (2020). Die Menschen und ihre Technischen Systeme. LIFIS-Online. Berlin.

[2]Felix Stalder (2016). Kultur der Digitalität. Berlin.

gedrängt, in der der „kreative Säulenheilige“ der heutigen digitalen Ära sofort präsent ist. Ob nun Steve Jobs oder ein fragwürdiger Elon Musk, der neue Typus des begnadeten Erfinders ist nicht nur gefunden, sondern selbst als Mythos mit der „digitalen Wende“ emporgestiegen. Das neue heilige Triumvirat wird durch eine derartige popkulturelle Beleuchtung ins Scheinwerferlicht gerückt; Digitalisierung und das heutige Verständnis von Innovation brauchen den Geistesblitz einer intellektuellen Anschauung, welche sich nicht durch Zwänge oder Vorgaben beschränken lassen will und schon gar nicht durch eine systematische und methodische Herangehensweise. Digitalisierung braucht Innovationen, und diese müssen, so der Chor der Allem-A-Strukturellen, fantasievoll und kreativ sein. Der begnadete Erfinder der digitalen Ära ist ein spontaner Kopf. Es ist eine Vorstellung von Kreativität in den heutigen Diskursen im Spiel, welche mit einer problematischen Vorstellung von Spontanität agiert. Dieses Bild der Spontanität ist ein echtes philosophisches Problem.

2. Die Rückkehr der Dialektik und die Kritik des spontanen Menschenbildes

Ein philosophisches Problem wird problematisch, wenn nicht klar wird, was das Problem ist, sondern einen Streit auslöst, was Philosophie selbst ist und soll.

Seit gut dreißig Jahren ist für die Universitäten der Berliner Republik die Verheiratung der kontinentalen und analytischen Philosophie, wie es Habermas nannte, maßstabsgebend[3]. Sinnfragen oder weltanschauliche Grundsätze werden bei beiden „Richtungen“ einer sprachlichen und damit wissenschaftstheoretischen Kritik unterzo-

[3] Jürgen Habermas (1981). Theorie des kommunikativen Handelns. Frankfurt/M.

gen, wobei die sogenannte kontinentale Philosophie sehr wohl eher den Nimbus der gesellschaftskritischen Gewichtung für sich verbuchen kann. Angelsächsische oder analytische Philosophie geniesst hingegen immer noch den Ruf einer kalten und trockenen Arbeit an Logik und gesellschaftlich unkritischer Wissenschaftstheorie. Mag diese Vorstellung auch auf einige Vertreter der sogenannten Philosophie der idealen Sprache zutreffen[4], so gilt dies aber zum einen nicht für die Väter dieser Richtung und zum anderen auch nicht für deren Erben.

Für die Väter aus dem Wiener Kreis war die Kombination von Einheitswissenschaft und Sozialtechnologie eine Selbstverständlichkeit[5] und konnte bei einem Menschenbild der individuellen und spontanen Kreativität nicht haltmachen. Gesellschaftliche Gestaltung braucht hier nicht nur den genialen Erfinder, sondern Bedingungen, sowohl wissenschaftlich als auch politisch, welche überhaupt erst einmal *Möglichkeiten* zeitigen[6].

Zwei Erblasten verfolgten aber schon in den 1920er und 1930er Jahren diese Unternehmung. Zum einen wurden diese Bedingungen selbst zum problematischen Ausgangspunkt. Protokoll- oder Beobachtungssätze könnten gar nicht als wissenschaftliche und damit sozialtechnische Grundlage dienen, denn jede Theorie sei doch selbst theoriegestützt[7]. Durch Popper erfolgte die Rückkehr eines Menschenbildes, welches Trial-and-Error zum bezeichnenden Kern hat[8].

---

[4]Vgl. die Stellungnahme Bergmanns und Rortys in R.M. Rorty, Hrsg. (1967). The Linguistic Turn. Essays in Philosophical Method. Chicago, London.

[5]J. Schulte, B. McGuinness, Hrsg. (1992). Einheitswissenschaft. Frankfurt/M.

[6]D. Borchers(2009). „Worüber man nicht reden kann, darüber muss man schweigen." Zur Vertreibung der Wissenschaftlichen Weltauffassung im „Dritten Reich" und zu ihrer Bedeutung für die analytische Philosophie. In: H.-J. Sandkühler, Hrsg. Philosophie im Nationalsozialismus. Hamburg.

[7]K. Popper (1935). Logik der Forschung. Wien.

[8]K. Popper (1995). Alles Leben ist Problemlösen. München.

Der kritische Rationalismus braucht stringent die Fantasie der offenen Gesellschaft, um eine vermeintlich mögliche Instrumentalisierung der Wissenschaft in einer zukünftigen Technokratie zu vermeiden[9]. Dialektik wurde so zu einer methodischen Chimäre und zu einer Gefahr, welche die Freiheit der spontanen Kreativität bedrohte. Von einer Verbindung von System und Methode ist am besten gar nicht zu reden. Diese erste Erblast ist bis heute wirkmächtig und glücklicherweise umstritten.

Die zweite Erblast schaut eher auf die Verwendung und Umsetzung problematisch zu sehender Aussagen der Wissenschaft. Ist es nicht möglich, auch bei einer „bloßen" Falsifizierung zu einem geschlossenen und wirkmächtigen Aussagesystem der Wissenschaft zu kommen? Kann eine *ideale Sprache* nicht dennoch zu einer signifikanten Gesellschaftsgestaltung führen? Programmatisch wird heute zwischen *Wittgenstein I und II*[10], zwischen *Philosophie der idealen Sprache* und *ordinary language philosophy* unterschieden[11]. Hatte der junge Wittgenstein schon die Welt als aus Tatsachenaussagen bestehend gesehen, so hatte der spätere Wittgenstein dieses Bild selbst noch als Sprachspiel verstanden – Protokoll- und Beobachtungssätze sind nicht nur theoriegeladen, sondern jede Theorie ist selbst ein Sprachspiel und damit als Sprechakt immer von doppelter Natur: propositional gegliedert und performativ gelebt, strukturell und dynamisch[12]. Zwar ist nun Schweigen geboten in Anbetracht dessen, von dem man nicht sprechen kann, aber damit

[9]K Popper (2003). Die offene Gesellschaft und ihre Feinde 1–2. Tübingen.

[10]W. Stegmüller (1969). Hauptströmungen der Gegenwartsphilosophie. Stuttgart. Für andere Interpretation siehe C. Diamond, J. Conant (2004). On reading the Tractatus resolutely: reply to Meredith Williams and Peter Sullivan. In: M. Kölbel, B. Weiss, Hrsg. The Lasting Significance of Wittgenstein's Philosophy. London.

[11]E. v. Savigny (1973). Philosophie der normalen Sprache. Frankfurt/M.

[12]K.-O. Apel (2011). Paradigmen der ersten Philosophie. Berlin.

gleichzeitig das gewisse nicht Greifbare doch zurückgeholt[13]. Der Wittgenstein der *Philosophischen Untersuchungen* eröffnet so die Möglichkeit, jenseits des propositional-performativen Sprechaktes doch noch einen Begriff von Erkenntnisleistung zu haben, welcher einer Vorstellung von privat-spontaner Kreativität geradezu Vorschub leistet.

Von einer radikalen Übersetzung eines Quine in Searlscher Prägung[14] zu einer radikalen Interpretation des „Davidsonschen Imperialismus"[15] ist es dann nicht mehr weit. Da jeder Sprechakt nicht nur propositional kaum gefasst, sondern auch in seiner vollen Performanz nicht rekonstruiert werden könne, musste fast schon zwangsläufig die menschliche sprachliche Interaktion des Einzelnen als defizitär angesehen werden und eine dauerhafte Übersetzungsleistung sein[16]. Skeptizismus sei somit nicht nur in Wahrheitsfragen angebracht, sondern gegenüber jeglicher Gestaltung und methodischer Erfassung der Bedingungen der Möglichkeit sozialer und technologischer Veränderung. Das Von-dem-wir-nicht-sprechen-können wird hier zur Grundlage eines Menschenbilds, das individuelle fantasievolle Trial-and-Error-Kreativität präferiert. Dialektik könne somit nur ein methodischer Schein sein, der echter Spontanität entgegenwirke. Glücklicherweise ist auch diese Sicht eines erkenntnistheoretischen Rückfalls einer intersubjektiven Sprachaktbetrachtung heute mehr als umstritten[17].

---

[13] M. Horkheimer (1933). Materialismus und Metaphysik. In: Traditionelle und kritische Theorie. Fünf Aufsätze. Frankfurt/M. 1992.

[14] J. L. Austin (2002). Zur Theorie der Sprechakte. Stuttgart. – W. V. O. Quine (1980). Wort und Gegenstand. Stuttgart. – J. R. Searle (1983). Sprechakte. Ein sprachphilosophischer Essay. Frankfurt/M. Zur Kritik der Leseart Searls an Austin siehe J. Habermas (1988). Zur Kritik der Bedeutungstheorie. In: Nachmetaphysisches Denken. Philosophische Aufsätze. Frankfurt/M.

[15] D. Davidson, R. Rorty (2005). Wozu Wahrheit? Frankfurt/M.

[16] S. Blackburn (2005). Wahrheit. Darmstadt.

[17] R. B. Brandom (2015). Habermas and Hegel. In: Argumenta 1,1.

Für die heutigen Erben erscheint diese Verbindung von Spontanität und individueller Heiterkeit mehr und mehr zum Problem zu werden und eine neue Sichtweise auf Dialektik zu provozieren, welche mit einer neuen Sichtweise auf Fragen der Einheitswissenschaft und Sozialtechnologie schwanger geht. Zum einen hat die sogenannte kontinentale Philosophie reagiert. Ein Derrida oder Habermas werden nicht mehr als unwirsche Gegensätze gesehen, sondern der eigenwillige interpretative Rahmen der intersubjektiven Sprachaktbetrachtung als slocher anerkannt[18]. Sowohl sogenannte Postmoderne als auch kritische Theoretiker teilen die Anerkennung der Doppelstruktur sprachlicher Aktivität, welche nicht alles auf Sprache und Logik verkürzt, sondern den intersubjektiven Charakter der propositional-performativen Struktur betont[19].

Kinder werden in schon laufende historische und geteilte Lebensvollzüge eingeführt oder abgerichtet; das soziale Wesen Mensch ist immer schon in ein Wechselspiel von erster und zweiter Natur eingebunden, in eine Dialektik von Natur und Kultur, welche es dem Einzelnen ermöglicht, vielleicht nicht alles zum Sprechen zu bringen, aber doch jenseits einer vermeintlichen kognitiven Übersetzung gemeinsame Explizierung zu erreichen[20].

Zum anderen hat die analytische Philosophie reagiert, und zwar so sehr, dass es heute den Ausdruck *hegelian turn*[21] oder *performative turn*[22] gibt. Der deutsche Idealismus, insbesondere die hegelische Dialektik, wird neu verhandelt[23]. Auch hier wird die Dop-

[18] A. Kern, C. Menke (2002). Philosophie der Dekonstruktion. Frankfurt/M.

[19] J. L. Mey (1993). Pragmatics. Oxford.

[20] R. B. Brandom (1994). Making it Explicit. Cambridge.

[21] P. Redding (2007). Analytic Philosophy and the Return of Hegelian Thought. Cambridge.

[22] U. Wirth, Hrsg. (2002). Performanz. Zwischen Sprachphilosophie und Kulturwissenschaften. Frankfurt/M.

[23] P. Stekeler-Weithofer (2014). Hegels Phänomenologie des Geistes. Ein dia-

pelstruktur sprachlicher Aktivität zur Doppelstruktur der menschlichen Gattung; das Wechselspiel von erster Natur und zweiter Natur ermöglicht nicht nur einen geteilten intersubjektiven „Raum der Gründe“[24], sondern eine Explizierung und damit eine „sittliche“ Gestaltung[25]. System und Methode bedingen sich; Inhalt und Form brauchen sich notwendigerweise.

Für beide „Richtungen“ der Erbschaft ist Spontanität sehr wohl ein individuelles Verhalten, aber keines eines unaussprechlichen Restes individueller Fantasie. Spontanität erscheint selbst als eine Doppelstruktur, bei der zum einen der Schein des Unlogischen und Genialen eine Berechtigung hat, zum andern aber sehr wohl retrospektiv zum Sprechen gebracht werden kann. Der Ort der Vernunft[26] findet sich nicht allein im Organ der kognitiven Verarbeitung, sondern in den geteilten Vollzügen unseres täglichen Miteinanders, und dementsprechend gibt es sehr wohl erfassbare historische und intersubjektive Bedingungen der Möglichkeit menschlicher Kreativität. Innovationen können systematisch erfasst und Kreativität kann gelernt werden, wenn die kontextuellen Widersprüche expliziert und handhabbar gemacht werden. Dialektik ist somit nicht die mechanische Abfolge von These, Antithese und Synthese, sondern selbst ein Problem und eine Sicht, welche sich aus einer seltsamen Tradierung philosophischer Sichtweisen speist, ein *notwendiges Zusammenspiel von System und Methode*.

---

logischer Kommentar. Bd.1: Gewissheit und Vernunft. Hamburg. – R. B. Pippin (2019). Hegel's Realm of Shadows: Logic as Metaphysics in the Science of Logic. Chicago. – T. Pinkard (1994). Hegel's Phenomenology: The Sociality of Reason. Cambridge.

[24] W. Sellars (1997). Empiricism and the Philosophy of Mind. Cambridge.

[25] R. B. Brandom (2019). A Spirit of Trust: A Reading of Hegel's Phenomenology. Cambridge.

[26] W.-J. Cramm, G. Keil, Hrsg. (2008). Der Ort der Vernunft in einer natürlichen Welt. Weilerswist.

3. Das philosophische Problem der Spontanität

Das philosophische Problem der Spontanität ist somit auch leicht zu finden, wenn man nicht blind den typischen Erzählungen der Philosophiegeschichte glaubt. Die Missrezeption des deutschen Idealismus und damit der Vorstellungen eines Kant und Hegel sind die Grundlage und Fehlleistung, welches bis heute Dialektik mechanisch und Menschen als fantastisch kreativ begreift. Es ist ein Unterschied, ob die transzendentale Wende als erkenntnistheoretische Änderung verstanden wird oder als urteilspragmatisch gefußte Kritik. Begriff und Anschauung bedingen sich, ob aber der Begriff eine Erkenntnis oder eine Erkenntnisform auf menschlicher Urteilsbasis ist, ist ein entscheidender Unterschied[27]. Die Zusammenführung des inneren und äußeren Sinns und der Kategorien in der transzendentalen Apperzeption kann zum einen die Vorstellung generieren, dass die intellektuelle Anschauung *vor* jeglichen begrifflich-logisch-pragmatischen Explizierungen liegt und somit eine fantasievolle Spontanität ist, oder dass schon die Urteilsform der Kategorien selbst in der intellektuellen Anschauung eine Explizierungsmöglichkeit in sich trägt. Das erste Bild ist eine intellektuelle Anschauung, welche fantasievolle Spontanität und ästhetisches Erleben verknüpft, das zweite Bild ist eine intellektuelle Anschauung, welche Spontanität als individuell und dennoch intersubjektiv versteht, da ihre Grundlage der Urteilsvollzug des sozialen und geschichtlichen Menschentums ist. Letzteres Bild zeichnet den deutschen Idealismus aus, und dennoch kann das alte Credo gelten: nur einer hat mich verstanden und der auch noch falsch. Tatsächlich zeigen die damaligen Schriften über die trans-

[27] „Ich nenne alle Erkenntnis transzendental, die sich nicht so wohl mit Gegenständen, sondern mit unseren Begriffen a priori von Gegenständen überhaupt beschäftigt. Ein System solcher Begriffe würde Transzentendal-Philosophie heißen." (Kant. Kritik der Reinen Vernunft. A 11-12, B 25).

zendentale Wende eine beeindruckende Tendenz zum ersten Bild. Schiller dürfte mehr bewirkt haben, dieses Problem der intellektuellen Anschauung in seiner Verbindung zum ästhetischen Erleben zu zementieren, als alle Fichtes, Hegels und Schellings zusammen[28]. Schon bei Herder[29] und Schulze[30] darf man sich fragen, ob hier über die Kantische Richtung gesprochen wird oder über die Schillersche Interpretation. Spätestens durch die vermeintlichen Nachfolger Kants, nämlich Herbart[31], Fries[32] und Schleiermacher[33], wird nicht nur die intellektuelle Anschauung vom ästhetischen Erleben zum introspektiven Gefühlsspiel gedrängt, sondern auch die Dialektik zu einer mechanischen Abfolge von These, Antithese und Synthese umgebogen. Das System der introspektiven Gefühle braucht eine mechanistische Methode, die nur noch Dialektik heißt. Man könnte von einem historischen Treppenwitz reden, wenn nicht wirklich der ganze deutsche Idealismus durch diese individuelle Heiterkeitsbrille der erkenntnistheoretischen Kantianer gebrochen wäre und im Folgenden den internationalen Diskurs bestimmt hätte.

Schaut man nach Frankreich in der Mitte des 19. Jahrhunderts, so tummeln sich dort eigenwillige „utopische“ Sozialisten neben „totalitären“ Positivisten. Glücklicherweise meint man, von deutscher Seite etwas lernen zu können, und feiert nun einen dritten Weg[34], welcher durch Cousins Wirken System und Methode anders auf-

---

[28] F. Schiller (1991). Über Anmut und Würde. München. – R. Safranski (2004). Schiller oder die Erfindung des Deutschen Idealismus. München.

[29] J. G. Herder (1799). Metakritik zur Kritik der reinen Vernunft 1-2. Leipzig.

[30] G. E. Schulze (1801). Kritik der theoretischen Philosophie 1-2. Hamburg.

[31] J. F. Herbart (1813). Lehrbuch zur Einleitung in die Philosophie. Königsberg.

[32] J. F. Fries (1812). Von deutscher Philosophie, Art und Kunst: ein Votum für Friedrich Heinrich Jacobi gegen F. H. Schelling. Heidelberg.

[33] F. Schleiermacher (1988). Dialektik 1814/15. Hamburg.

[34] G. d. Stäel (1814). Über Deutschland. Berlin.

schließen soll[35]. Natürlich zeigt diese absolute Philosophie die Möglichkeit, durch künstlerisches Erleben eine Umgestaltung der Gesellschaft zu erreichen, welche in ihrer Radikalität nur eine geistige Transformation bräuchte. Intellektuelle Anschauung als ästhetisches Erleben, welches ohne jegliche Belastung durch die Moderne agiere, wird auch hier zum Leitstern, und eine Negativität der Negativität zum eigentlichen methodischen Garanten einer vermeintlich echten Kritik. Allerdings folgt nun sehr wohl, dass Hegel und Konsorten nicht einfach nur philosophiert, sondern eine Form von Soziologie beschworen hätten, welche den Absolutheitsanspruch und damit die Einheit der Dialektik, von System und Methode, aufgekündigt hätten. Die Phänomenologie des Geistes ist so nicht mehr nur die Wissenschaft des erscheinenden Bewusstseins, sondern die kritisch-ästhetische Negation der gesellschaftlichen Formen, welche den Menschen in seiner freien Kreativität unterdrücken. Es ist bezeichnend, diese Positionierung auch noch hundert Jahre später bei Kojève[36] und Hyppolite[37] zu finden.

Schaut man zu den Vereinigten Staaten, wird diese Rezeption noch deutlicher. Auch hier konnte Cousins Idealismus hervorragend andocken, war dies doch eine Zeit, in der sich der amerikanische Traum der Harmonie der Community erst manifestierte[38]. Emerson und seine Zirkel machen keinen Hehl daraus, dass die transzendentale Wende nur eine Transzendenz der innerlichen Freiheit sein könne[39]. Über begrifflich-urteilsgestützte Voraussetzungen muss sich dieser Transzendent(al)ismus keine Sorgen machen. Die intellektuelle An-

[35] V. Cousin (1834). Über französische und deutsche Philosophie. Nebst einer beurtheilenden Vorrede des Geheimrates von Schelling. Stuttgart, Tübingen.

[36] A. Kojève (1975) Hegel. Frankfurt/M.

[37] J. Hyppolite (1997). Logic and Existence. New York.

[38] C. M. Ellis (2020). Ein Essay über den Transzendentalismus. Hamburg.

[39] R. W. Emerson (1895). Repräsentanten der Menschheit 1-2. Halle/S.

schauung, das ästhetische Erleben, die spontane Fantasie sind Ausdruck der moralischen Freiheit, welche weder in ein System noch in eine Methode gepresst werden könne. Dialektik kann maximal eine ideale und besonders dynamische Form der Logik sein, welche aber als formale Gestaltung eh nie die Wahrheit der menschlichen Kreativität einfangen könne. Selbstverständlich bleibt eine derartige Heiterkeit eines einsamen Waldspazierganges[40] nicht ohne Kommentar und Änderung, aber ob nun eine Fortsetzung über einen gebrochenen Hegel eines McTaggart[41] oder über eine Kritik allen Pragmatismus[42], die Rezeption über die Figur der intellektuellen Anschauung und einer mechanistischen Dialektik, die entscheidenden Kritikpunkte bleiben unberührt. Auch hier dauerte es fast ein Jahrhundert, bis über eine andere Leseweise nachgedacht wurde. Seit Strawsons Arbeiten[43] hat sich eine bemerkenswert intensive Auseinandersetzung über die propositional-pragmatische Grundlage des *Analytic German Idealism* entwickelt.

In England verlief die vermeintliche Rezeption ebenfalls über die Cousinsche Richtung, konnte aber nie richtig andocken. Schon John Stuart Mill kann sowohl französische Gedanken eines Fouriers und Comtes kritisieren als auch einen amerikanischen Idealismus, da eben Logik hier nicht nur ein Mittel der Unterdrückung der Gedankenfreiheit ist[44]. Allerdings wirken nun der Heroismus eines Carly-

[40] H. D. Thoreau (1897). Walden. Berlin.

[41] J. E. McTaggart (1886). Studies in Hegelian Dialectics. Cambridge.

[42] Peirce Arbeiten und Interpretation Hegels sind scharf von James und Dewey zu unterscheiden. Vgl. K.-O. Apel (1973). Der Denkweg des Charles S. Peirce. Eine Einleitung in den amerikanischen Pragmatismus. Frankfurt/M.

[43] P. Strawson (1966). The Bounds of Sense: An Essay on Kant's Critique of Pure Reason. London.

[44] J. S. Mill (2014). Autobiographie. Hamburg.

le[45] und die Soziologie eines Spencer[46] als Hintergründe der akademischen Tradition der Zeit in ähnliche Richtung wie in Frankreich. Dialektik als Methode und System und eine sprachpragmatische Lesart Kants oder Hegels sind hier ausgeschlossen, da das Denken zum einen keine pure Fantasie sein kann, und zum anderen mathematisierbaren syntaktischen Mustern gehorchen muss.

Dass die Mathematik selbst nun zum Gegenstand wird, darf sowohl als Ausdruck eines echten philosophischen Problems gewertet werden, als auch als Reaktion auf begriffliche Probleme des Begriffes selbst. Ist die Zahl auch nur ein Funktionsbegriff, so lässt sich weder eine eindeutige Gesamtmenge definieren, noch kann die Zahl selbst Ausdruck einer Menge sein[47]. Diese Gödelsche „Unmöglichkeit“[48] bringt nun aber nicht nur Stillstand, sondern zum einen auch den theoretischen Weg, den wir heute als *hegelian turn* begutachten dürfen, und zum anderen jene *Maschine*, welche uns heute sagt, dass die intersubjektiv-begrifflichen Voraussetzungen der Begriffe selbst im Zentrum stehen.

Turings Maschine, mit welcher eine funktional-begriffliche Fixierung der unmöglichen Selbstbeschreibungen des Gesamtsystems versucht wird[49], und Neumanns Transformation dieses Halteproblems zur

---

[45] T. Carlyle (1935). Heldentum und Macht. München. – Zu Carlyles Kritik Hegels siehe T. Carlyle (1991). Sartor Resartus. Leben und Meinungen des Herrn Teufelsdröckh. Zürich.

[46] H. Spencer (1862-96). System of Synthetic Philosophy 1-10. London.

[47] G. Frege (1884). Die Grundlagen der Arithmetik. Breslau. – B. Russel, A. N. Whitehead (1903). The Principles of Mathematics. Cambridge.

[48] K. Gödel (1931). Über formal unentscheidbare Sätze der Principia Mathematica und verwandter Systeme I. In: Monatshefte für Mathematik und Physik 38. Leipzig.

[49] A. M. Turing (1937). On Computable Numbers, with an Application to the Entscheidungsproblem. In: Proceedings of the London Mathematical Society. Band 42. London.

verarbeitenden Speicherarchitektur[50] sind nur die ersten Anfänge der heutigen komplexen Protokolldependenz, welche durch und mit alltäglichen Begriffen in ihrer Performanz arbeitet[51]. Dialektik als System und Methode rücken bei einer Entwicklung der gesamten sozio-technischen Infrastruktur und damit auch der reflektiven Metadiskurse erneut ins Zentrum. Kreativität ohne „Skills“ in systematischer Begriffsarbeit können sich nur noch Künstler leisten, die sehr gerne eine begriffslose Kreativität pflegen dürfen. Nicht die Interpretation des Systems Hegels ist das Entscheidende, sondern die Bewegung der Ereignisse in ihrem realen geschichtlichen Kontext.

Schaut man nun zurück nach Deutschland, so verkompliziert sich die Situation dadurch, dass weitgehend unklar ist, was den philosophischen Diskurs überhaupt konstituiert. Geht man von einem revolutionären Bruch im 19. Jahrhundert aus, interessieren gerade die *nicht-akademischen Kreise* und ihre Betrachtungen[52]. Dann läuft die Kritik von Junghegelianern über Marx und schließlich zu Nietzsche, welcher allerdings nur den Beginn des deutschen Trauerspiels markiert[53]. Geht man weiter im akademischen Diskurs, zeigt sich, bei allen Brüchen durch einen „vulgären“ Materialismus, eine beachtliche *Konstanz der romantisierenden Lesart des deutschen Idealismus*[54]. Dass Marx und Engels sich intensiv mit den zwei großen Epigonen der akademischen Welt und der Arbeiterbewegung gestrit-

[50] J. v. Neumann (2000). The computer and the brain. London.

[51] Es sei hier auf die Struktur des OSI 7-Schichten-Modells verwiesen.

[52] K. Löwith (1995). Von Hegel zu Nietzsche. Hamburg.

[53] J. Habermas (1985). Der philosophische Diskurs der Moderne. Frankfurt/M.

[54] K. C. Köhnke (1986). Entstehung und Aufstieg des Neukantianismus. Frankfurt/M.

ten haben, ist hier kein Zufall[55]. Lassalle[56] als auch Dühring[57] vertraten die erkenntnistheoretische Leseweise der *Epigonen*[58], welche zum einen durch die Kritik an einem zu einfachen Materialismus der 1840er und 1850er Jahre getragen wurde, zum anderen aber mit dieser Kritik ihre Forderung nach einem *„Zurück zu Kant“* begründeten[59]. Intellektuelle Anschauung ist nun nicht mehr einfach ein ungreifbares *occassionales*[60] ästhetisches Erleben, sondern der wissenschaftlich zu untersuchende niedrigste Aufmerksamkeitsgrad der Erkenntnisleistung unserer Vorstellungssynthese[61]. Dialektik wird so als These-Antithese-Synthese-Deutung zu einer *psychophysiologischen Angelegenheit*, was selbstverständlich weiterhin System und Methode trennt[62]. Im allbeherrschenden *Neukantianismus* wird so ganz klar zwischen naturwissenschaftlichem und geisteswissenschaftlichem Denken, Sätzen und Systemen geschieden und wahre Kreativität erneut allein in der künstlerischen Tätigkeit gefunden, welche nun – als Pointe – auch dem Wissenschaftler oder dem Arbeiterführer zukommen müsse[63]. Es ist bezeichnend, dass auch heute

[55] F. Engels (1878). Herrn Eugen Dührings Umwälzung der Wissenschaft. Leipzig.

[56] F. Lassalle (1861). Das System der erworbenen Rechte. Leipzig.

[57] E. Dühring (1865). Natürliche Dialektik. Berlin.

[58] O. Liebmann (1865). Kant und die Epigonen. Canstadt.

[59] F. A. Lange (1873-75). Geschichte des Materialismus und Kritik seiner Bedeutung in der Gegenwart 1-2. Iserlohn.

[60] C. Schmitt-Dorotić (1919). Politische Romantik. München, Leipzig.

[61] E. v. Hartmann (1869). Philosophie des Unbewußten. Berlin.

[62] H. Lotze (1856-64). Mikrokosmos. Ideen zur Naturgeschichte und Geschichte der Menschheit 1-3. Leipzig. – C. v. Sigwart (1873-78): Logik. Tübingen. – W. Wundt (1889). System der Philosophie. Leipzig.

[63] J. v. Kirchmann(1868). Ueber den Kommunismus der Natur. Ein Vortrag, gehalten in dem Berliner Arbeiter-Verein im Februar 1866. Berlin. – W. Windelband (1909). Die Philosophie im deutschen Geistesleben des XIX. Jahrhunderts. Tübingen. – H. Rickert (1922/23). Die philosophischen Grundlagen von Fichtes Sozialismus. In: Logos XI

noch ein Heidegger ernsthaft gelesen wird, welcher – nach Husserl – nichts anderes getan habe, als diese Problematisierung in eine „Phänomenologie“[64] zu gießen, und die echte *Kritik am Ende des Neukantianismus* gepflegt ignoriert.

Cassirer sah schon 1910, dass der Begriff eine Doppelstruktur der strukturellen und dynamischen Betrachtung erfordert, welche die begrifflichen Performanzen der intersubjektiven Vollzugsformen sowohl als Ergebnis wie auch als Voraussetzung braucht[65]. Eine Trennung von naturwissenschaftlicher und geisteswissenschaftlicher Deutung der Tätigkeit einer intellektuellen Anschauung verkennt sowohl den schon immer begrifflich urteilsgeprägten Kontext als auch die gemeinsame Wurzel der vermeintlich unterschiedlichen Tätigkeiten. Die Bedeutung der *Verschiebung des Zentrums naturwissenschaftlicher Argumentationspraxen vom Substanzbegriff zum Funktionsbegriff* ist bis in die 1970er Jahre, jedenfalls auf westdeutscher Seite, von Existenzen und Phänomenen verdeckt, und eine seltsame marxistische Lesart der Dialektik sowie ein kritischer Rationalismus weichen nur in den praktischen Konsequenzen davon ab. Von Adorno bis Habermas wird versucht, die bisherige mechanistische Lesart aufzuweichen und eine soziologische Grundlegung der erkenntnistheoretischen „deutschen Enge“ zu erreichen. Allerdings endet dieses Unterfangen nicht in der Trennung von naturwissenschaftlichem und gesellschaftswissenschaftlichem Denken, sondern in der totalen „Dialektik“ von Lebenswelt und System[66]. Man agiert zwar nicht mehr mit einer intellektuellen Anschauung der Erkenntnis, aber in einer These-Antithese-Synthese von technokratischen Imperativen, welche die freie solidarische Kommunikation bedrohen. Auch hier wird

[64] E. Husserl (1900-01). Logische Untersuchungen 1-2. Halle/S.

[65] E. Cassirer (1910). Substanzbegriff und Funktionsbegriff. Berlin.

[66] J. Habermas (1981). Theorie des kommunikativen Handelns 1-2. Frankfurt/M.

letztlich Kreativität mystifiziert, aber auch ein Anschluss erreicht an andere Deutungen und Verständnisse des deutschen Idealismus. Das Denken dieser geschlossenen Welt ist durch den globalen Austausch gesprengt worden, eine Verheiratung der kontinentalen und angelsächsischen Philosophie ist keine bloße Forderung mehr. Das Menschenbild der spontanen Fantasie ist selbst prekär geworden.

4. Dialektik-Diskussion in einer „geschlossenen Welt"

All dies zeigt eine vitale Entwicklung und eine Änderung der Sichtweisen. Schulen und -ismen sind in diesem Sinne kontraproduktiv für eine gemeinsame Entwicklung einer globalen Welt[67]. Philosophie schert sich als echte Wissenschaft weder um die jeweilige Nation noch um das spezifische politische Geschehen. Dennoch ist bis heute eine wirklich differenzierte Betrachtung der philosophischen Erträge hinter dem Eisernen Vorhang undenkbar. Immer noch wird die Entwicklung im sogenannten Ostblock und insbesondere die echten Auseinandersetzungen in der DDR als „Denken für eine geschlossene Welt"[68] bezeichnet. Warum in den Osten schauen, dort gab es ja eh nur Ideologie, heißt auch heute noch das Pauschalurteil zu Ereignissen, welche nicht nur um den Begriff des Menschen rangen, sondern auch um den Platz einer Dialektik im philosophischen System.

Selbstverständlich wird sich dort auf Marx und Engels berufen, diese werden aber weder als ökonomische Materialisten noch als dialektische Dogmatiker verstanden. Schon mit der *Heiligen Familie* und dem *Elend der Philosophie* war klar, dass eine einfache mechanistische Vorstellung von Basis und Überbau niemals greifen kann, denn

[67]Zur aktuellen Realismus- und -ismusdebatte siehe M. Gabriel, Hrsg. (2014). Der neue Realismus. Berlin.

[68]H. Wilharm (1990). Denken für eine geschlossene Welt: Philosophie in der DDR. Hamburg.

der Mensch ist nicht nur Ausdruck seiner fabrikhaften Produktionsverhältnisse[69], sondern auch der Verkehrsformen im sprachlich-performativen Sinne. Dialektik braucht nicht nur den Kontext des Systems, sondern auch mehr als nur eine Negation-der-Negations-Methodik. Dass die Gegensätze eins sind und das echte Problem des Umschlags von Quantität in Qualität und von Qualität in Quantität vorliegt, ist nicht Ausdruck einer spiritualistisch anmutenden Vorstellung von Natur[70].

Das Ineinandergreifen von Menschenbild, System und Methode und damit die Vorstellung von Materie als Forschungsobjekt darf – bei allem Diamat-Dogmatismus – als die eigentliche Leistung der Marxschen und Engelsschen Analyse gelten[71]. Nicht ohne Grund wird schon zum Beginn der DDR ein intensiver Neuansatz des als bürgerlich verschrienen Hegel versucht, welcher nicht nur die Dialektik als System und Methode mit der Erforschung und Beschreibung des Menschen verbindet, sondern sich auch gegen werkzeughafte Sprachvorstellungen[72] und einen daraus resultierenden kruden Materialismus Stalinscher Lesart wendet[73].

[69] Zum vermeintlichen Produktionsparadigma bei Marx siehe J. Habermas (1976). Zur Rekonstruktion des Historischen Materialismus. Frankfurt/M.

[70] Zur immer noch vorurteiligen Deutung siehe T. Hunt (2012). Friedrich Engels. Der Mann, der den Marxismus erfand. Berlin.

[71] Zur damaligen Debatte siehe G. A. Wetter (1952). Der dialektische Materialismus. Seine Geschichte und sein System in der Sowjetunion. Freiburg. – G. Klaus (1957): Jesuiten, Gott, Materie – des Jesuitenpaters Wetter Revolte wider Vernunft und Wissenschaft. Berlin.

[72] J. Stalin (1956). Über Dialektischen und Historischen Materialismus. Frankfurt/M., Berlin, Bonn.

[73] C. Warnke (2001). „Das Problem Hegel ist längst gelöst“. Eine Debatte in der DDR-Philosophie der fünfziger Jahre. In: V. Gebhardt, H.-C. Rauh, Hrsg.: Anfänge der DDR-Philosophie. Berlin.

Dass solch Überlegungen mit entscheidenden Vertretern wie Bloch[74] und Kofler[75] nicht einfach in den Westen abwanderten, zeigen die Praxisphilosophiedebatten der 1960er Jahre eines Helmut Seidel mit Rugard Otto Gropp[76]. Gerade letzterer wird zwar gern als Vorreiter einer sowjetkonformen Philosophie betrachtet, jedoch ist gerade seine grobe, mechanistisch anmutende Vorstellung von Dialektik[77] expliziter und impliziter Angriffspunkt. Dass *implizite Kritik* in dieser Gesellschaft sogar mehr Gewicht haben kann, zeigt zum einen die Herausgabe der Leninkonspekte über Dialektik von Seidel, welche sich sehr weit von einer stalinistischen Lesart entfernen[78]. Zum anderen zeigt sich dies in dem seltsamen Vorgang der Erstellung einer marxistisch-leninistischen Erkenntniskritik von Dieter Wittich[79], die Ansätze von Georg Klaus fortschreibt.

Diese Erkenntniskritik umgeht die Fahrwasser der neukantischen Wende durch die einfache Doppeldetermination von erster und zweiter Natur des Menschen in ihrem Wechselspiel. Erkenntnis ist hier nicht eine bloß psychisch-physiologische Verarbeitung, sondern *Ausdruck eines dauerhaft dynamischen Verhältnisses* der immer schon sprachlich verfassten menschlichen Verkehrsformen. Damit ändert sich aber auch die mechanistisch anmutende Dialektik zu einer echten Methodologie praktischer Problemlagen, welche sowohl das jeweilige System metakritisch einbinden als auch die dialektische Me-

[74]E. Bloch (1949). Subjekt – Objekt. Berlin.

[75]L. Kofler (1948). Zur Geschichte der bürgerlichen Gesellschaft. Halle/S.

[76]Zur Seideldebatte siehe V. Caysa (2010). Über die Transformation des Geistes der Leipziger Bloch-Zeit in der praxisphilosophischen Debatte um und vor 1968 in der DDR. In K. Kinner, Hrsg.: Die Linke – Erbe und Tradition, Teil 1. Berlin.

[77]R. O. Gropp (1957). Der dialektische Materialismus. Kurzer Abriß. Leipzig.

[78]W.I. Lenin (1970): Über Hegelsche Dialektik. Leipzig.

[79]D. Wittich, K. Gößler, K. Wagner (1978). Marxistisch-leninistische Erkenntnistheorie. Berlin.

thode jenseits von These-Antithese-Synthese verorten muss. Dialektik wird somit selbst zum widersprüchlichen Motor, um Widersprüche sowohl in narrativer als auch forschender Weise zu erkennen und so *mit der gesellschaftlichen Praxis selbst* umgehen zu können. Das Problem ist somit nicht, was Dialektik *ist*, sondern *wie funktioniert* unsere Gesellschaft in Gegensätzen, in Negationen und in qualitativen Umschlägen. Ein Menschenbild der *spontanen* Kreativität kann uns dazu nichts zu sagen, noch kann es als Basis dienen, Änderungen in der Gesellschaft zu beschreiben, die auf *intersubjektiven und kooperativen Verkehrsformen* fußen.

5. Das Dialektiklabor DDR

Die DDR selbst als einen Ort für derartige *praktische Unternehmungen* zu sehen, mutet vielleicht gewagt an. In Anbetracht des bekannten Ausgangs der realen Versuche kann man dafür kaum einen anderen Begriff als den des *Labors* in Stellung bringen. Dass der Aufbau des realen Sozialismus auch als Aufforderung an die Philosophen nicht in einem akademischen Elfenbeinturm vonstatten gehen soll und kann, zeigt nicht nur der immer wieder beschworene Bezug auf die 11. Feuerbachthese von Marx.

Schon mit den Arbeiten von Georg Klaus war die *Kybernetik*, als Wissenschaft geregelter Systeme, nicht einfach eine technokratische Bestrebung einer „digitalen" Ideologie, sondern eine Forschung, welche sowohl theoretische als auch praktische Ergebnisse und Verfahren sowohl aufnehmen wie befruchten sollte[80]. Die Mechanisierung durch den Computer kann und darf gerade *nicht* mechanistisch verfahren oder mechanistisch über ihr Tun nachdenken; viel

[80] G. Klaus (1973). Kybernetik – eine neue Universalphilosophie der Gesellschaft. Berlin.

zu sehr ist ihre Anwendung mit ihrer Erstellung verwoben. Für eine echte *Verwendung* der Kybernetik ist somit nicht allein eine technische Infrastruktur, sondern ein Knowing-How und Knowing-That nötig, wird eine sozio-technische Infrastruktur gebraucht, die in System und Methode eingebettet ist. Nicht nur theoretisch oder technisch hat die Verwendung oder Kybernetik zu erfolgen, sondern *praktisch verankert und gestaltend* schon auf der Ebene der Ausbildung derartiger zukünftiger „Programmierer“. Gebraucht wird ein Fachmann, der sowohl systematisch-kontextuell arbeiten als auch kreativ-widerspruchslösend analysieren kann. Praxisphilosophie will gelebt sein und gleich zwei unterschiedliche Versuche in diesem Labor sind zu finden.

Schon Mitte der 1960er Jahre ist vor diesem Hintergrund und mit Billigung Ulbrichts die *Systematische Heuristik* von Johannes Müller entstanden[81]. Sehr schnell wurde dieser Versuch der systematischen Erfassung der jeweils spezifischen problemorientierten Widersprüche zur Staatssache. Der Erfinder im weitesten Sinne wurde nicht nur als Fachmann für den Aufbau des Sozialismus gebraucht, sondern auch als heller Kopf für neue Lösungen, welche vorher gar nicht gesehen werden konnten. Widersprüche aufzudecken in realen praktischen Zusammenhängen ist hier Grundlage und Ziel der Anwendung einer Vorstellung von Dialektik und einem Menschenbild, das die *gesellschaftlichen Bedingungen der Möglichkeit* zu bedenken hat. Doch braucht es hierfür eine *systematische* Heuristik als Schema, um die Kontexte der jeweiligen Widersprüche aufzuspüren. Die antimechanistische Stoßrichtung kehrt sich allerdings fast um, wenn diese Heuristik zum Plan degeneriert. In harten und sehr steifen Formen wird nun versucht, dem „Erfinder“ eine echte strukturierte Systematik in die Hand zu geben, ohne dabei zu bedenken, dass ein derarti-

[81] J. Müller (1970). Grundlagen der systematischen Heuristik. Berlin.

ges Knowing-That noch lange kein Knowing-How ist. Das Schicksal dieser laboratorischen Anwendung einer anderen Sichtweise auf den Menschen und auf die Dialektik verlief spätestens seit Beginn der 1970er Jahre im Sande, bedeutete aber kein Ende einer derartigen Anstrengung.

In der Mitte der 1970er Jahre entstand der zweite Versuch in dieser Richtung. Mit Arbeiten von Altschuller fanden in jener Zeit der Demontage der Systematischen Heuristik Überlegungen und Versuche einer anderen ernstzunehmenden Richtung widerspruchsorientierter Innovationsmethodiken ihren Weg auch in den „real existierenden Sozialismus“ der DDR[82]. Altschullers TRIZ, eine *Theorie der Lösung von Erfindungsaufgaben*, zeigt auf, wie Erfinden und Kreativität auch als „exakte“ Wissenschaft möglich ist, ohne in alte mechanistische Denkschemata zurückzufallen. TRIZ ermöglicht zum einen eine systematisch Widerspruchsanalyse und ist zum anderen eine praktisch-kontextuell eingebundene Anleitung zum *erfinderischen, kreativen Handeln.* Dieses systematische Erfinden kann mit Prinzipien und einer schematischen Heuristik arbeiten, dennoch bewahrt der iterative Charakter wie auch die Überschreitbarkeit einer zu engen Kontextualisierung von Widersprüchen Anwender der TRIZ (im Prinzip) davor, in einen mechanistischen Abgrund zu rutschen. Der Erfinder und die Erfinder-Schule – Knowing-That und Knowing-How – sind notwendigerweise aufeinander verwiesen. Nun kann auch in der DDR ein neuer Versuch erfolgen.

[82]G. S. Altschuller (1973). Erfinden – (k)ein Problem?. Berlin. – G. S. Altschuller (1986). Erfinden – Wege zur Lösung technischer Probleme. Berlin.

6. Rainer Thiel: Mathematik – Sprache – Dialektik

Die Erfinderschulen des Dialektiklabors DDR wären ohne das Wirken von Rainer Thiel wahrscheinlich nie Realität geworden. Schon in den 1960er Jahren findet sich bei Thiel eine nicht unbedingt gewöhnliche Betrachtung über das „Wesen" der Mathematik, welche nicht nur Frege und Russel in ernsthafte Betrachtungen zog[83]. Doch spätestens mit *Mathematik – Sprache – Dialektik*[84] wird ein umfassender Zusammenhang hergestellt. „Deshalb kann es gar nicht anders sein, dass Identität und Unterschiedlichkeit von Gedanken zusammenfallen mit Identität und Unterschiedlichkeit im Gebrauch von Wörtern. Dieses Zusammenfallen bezeichnen wir auch als ‚Bedeutung der Wörter', die praktisch durch den Gebrauch der Wörter – und das heißt durch konkrete Kontexte – verwirklicht wird: ‚verwirklicht' in dem Sinne, in dem Marx sagt, dass die unmittelbare Wirklichkeit des Gedankens die Sprache ist." (Ebenda, S.20). Wohlgemerkt kommt Thiel zu dieser Einsicht durch eine Marxrezeption, welche eher an Wittgenstein andockt als an Stalin.

Dialektik wird nun selbst zum System und zur Methode, die sich nach den begrifflich-kontextuell-pragmatischen Verkehrsformen des Menschen zu richten hat und diese gleichzeitig ausspricht. Der Umschlag von Qualität zu Quantität und umgekehrt ist nun nicht einfach ein Merkmal der Dialektik, sondern ein *inhaltliches Problem* wie auch ein *begrifflicher Widerspruch.* Ein Dualismus von Quantität und Qualität im Sinne einer Synonymisierung mit Mathematik und Sprache verkennt die Verwobenheit und Interdependenz jeglicher Urteilsbildung als Begriff. „Damit wird erhärtet, dass die Vielfalt der Bedeutung des Wortes »Qualität« nicht nur eine empirisch kon-

[83] R. Thiel (1967). Quantität oder Begriff? Der heuristische Gebrauch mathematischer Begriffe in Analyse und Prognose gesellschaftlicher Prozesse. Berlin.

[84] R. Thiel (1975). Mathematik – Sprache – Dialektik. Berlin.

statierbare Tatsache ist, sondern eine Erklärung finden kann, die in der Dialektik des Erkenntnisprozesses wurzelt, welcher aufzuklären hat, was in der Wirklichkeit Qualität ausmacht: Die ursprüngliche ins Auge gefasste Qualität erweist sich als ein System, das nicht nur durch den Bestand an (evtl. unterschiedlichen) Elementen, sondern auch durch die Gesamtheit seiner Relationen – nämlich durch seine Struktur (sowie durch Maßzahlen) – bestimmt wird." (Ebenda, S. 54).

In diesem Sinne können Gegensätze sehr wohl ineinander umschlagen. „Das heißt in der Tat, dass unser konkretes, positives Wissen über die Natur der Dinge und die Qualitäten sich vor allem in der *Kenntnis von Beziehungen* darstellt, was einschließt, dass das Studium der Beziehungen entscheidend ist und einen entscheidenden Teil unserer Aufmerksamkeit erfordert, während die Hervorhebung, dass das Etwas ein System von Qualitäten oder von anderen Etwas sei, uns immer nur auf die zum jeweiligen Zeitpunkt bestehende Beschränktheit unseres Wissens hinweist und eigentlich die Hervorhebung dessen ist, was noch zu erkennen bleibt." (Ebenda, S. 86 f.). In heutiger Zeit würde man solch ein Denken und Herangehen als *Frame gestützt* bezeichnen. Die Verbindung zur Entstehung sogenannter *Softwareökosysteme*[85] liegt auf der Hand.

Für die Mitte der 1970er Jahre ist dies Verbindung nicht nur in keiner Weise selbstverständlich, sondern selbst eine philosophische Einsicht über echte philosophische Probleme. Schon hier wird deutlich, dass System, Methode, Kontext und Beziehungen nicht nur ein Knowing-That sind, sondern vielmehr ein praktisches und durch Praxis gestütztes Knowing-How. Genau hier trifft sich die philosophische Arbeit Rainer Thiels mit der von Altschuller. TRIZ kann

[85]D. G. Messerschmidt, C. Szyperski (2003). Software Ecosystems. Understanding an Indisensable Technology and Industry. Cambrigde, Lodon.

und soll *mehr sein als eine systematische Heuristik*, welche das Etwas greift, aber die Beziehungen in ihren Dynamiken verkennt. „Hier wird unterschätzt, dass die Gesellschaft, der Mensch als werkzeugproduzierendes Wesen, das der Kommunikation fähig und bedürftig ist, sowohl die Fähigkeit als auch das Bedürfnis der Kommunikation in einem Prozess entwickelt hat und ständig reproduziert, in dem sich Mitteilung und Denken gegenseitig verbinden, durchdringen und voraussetzen." (Ebenda, S. 109).

Sprache ist somit nicht ein Werkzeug im artefaktischen Sinne, welches der Einzelne nur durch ein Schema beherrschen lernen kann, sondern selbst Ausdruck und Gestaltungsmöglichkeit unserer Beziehungen und Vollzüge. Dieses Knowing-That ist ein Knowing-How, das Widersprüche durch widersprüchliche Verfahren, mithin durch echte Dialektik auf die realen und praktischen Verhältnisse anwenden soll. „Will man die spezifischen Gegenstände einer Wissenschaft in ihrer Dialektik erfassen, so kommt man früher oder später zu dem Punkt, wo man sich entschließen muss, problemspezifische Sprachen zu entwickeln bzw. auszuwählen und diese Sprachen anzuwenden." (Ebenda, S. 121).

Umso mehr gilt dies, wenn spezifische Gegenstände der Wissenschaft umfassende gesellschaftliche Bedeutsamkeit erfahren, insbesondere die Kybernetik als soziotechnisches Unterfangen. Schon in den 1980er Jahren wird mehr und mehr klar, dass von einer einfachen technischen oder gar artefaktischen Bedeutung keine Rede sein kann. Datenverarbeitung ist selbst nicht einfach ein Etwas, sondern auch *Beziehung*, sowohl in technischer als auch sozialer Hinsicht. Derartige Entwicklungen brauchen nicht nur einen „Programmierer", sondern einen *Sozialtechniker*, der nicht in der technische Enge des Etwas verfangen ist. „Die Dialektik ist die »Wissenschaft von den allgemeinsten Gesetzen aller Bewegung«, sie interessiert sich besonders für den *Widerspruch in der Bewegung* und die *Bewegung der Widersprüche.*“ (Ebenda, S. 272). Die Erfinderschulen, welche nun diesem Ansatz folgen, bilden somit weder Techniker noch Künstler aus, sondern aufklärende und sich aufklärende Menschen, welche sich selbst wie auch ihre Umwelt in einer philosophischen Weise verstehen können und dennoch an praktischen Anforderungen wachsen. „Es bleibt dabei, dass die Philosophie die Wissenschaft der allgemeinsten Bewegungsgesetze ist.“ (Ebenda, S. 210).

7. Erfinderschulen der digitalen Innovation

Das Denken der „geschlossenen Welt“ ist somit heute nicht einfach ein Gegenstand der historischen Analyse fremder akademischer Diskussionen, sondern ein Lehrgegenstand der praktischen Gesellschaftsgestaltung. Digitalisierung braucht Innovationen, und diese müssen fantasievoll und kreativ sein, aber auch kontextualisiert und systematisch modelliert. Der begnadete Erfinder der digitalen Ära ist ein spontaner Kopf, der sich aber nicht im Bild der Spontanität einschließt. Die Auseinandersetzungen der Berliner Republik wie auch mit weitgehend vergessener DDR-Forschung zeigen uns acht Punkte an, welche die Auseinandersetzungen im 21. Jahrhundert prägen werden.

1. Pragmatisches Menschenbild. Ein referenz-semantisches Menschenbild, welches Sprache als Werkzeug des *Einzelnen* versteht, „Informationen“[86] verbal medial *überträgt* und kognitive Strukturen baut, die artefaktisch Begriffe verwenden, ist obsolet. Mehr und mehr dringen die Philosophie wie auch die Einzelwissenschaften zu

[86] Zur Diskussion siehe P. Janich (2006). Was ist Information? Kritik einer Legende. Frankfurt/M.

einer Sichtwewise vor, bei der die *Doppelstruktur jeglicher Sprachakte* ins Zentrum rückt. Diese sind nicht nur propositional gegliedert, sondern selbst performativ geprägt. *Pragmatic* ist hier keine Bezeichnung für eine amerikanische Nutzenkalkulierung, sondern für ein Menschenbild, welches nicht nur Begriffe als Urteile versteht, sondern als intersubjektiv verfahrende und historisch eingebettete *urteilsgestützte Vollzugsformen.* Die kreative Spontanität des Menschen ist so zum einen sein fantasievolles Werk, aber zum anderen immer eingebettet in potenziell explizierbare Kontexte. Die Vermählung der kontinentalen und der angelsächsischen Philosophie kommt mehr und mehr zu theoretischen Einsichten, wie sie von Cassirer und auch Rainer Thiel schon vor langer Zeit geäußert wurden.

2. Kontextualisierte Dialektik. Dem entsprechend ist Dialektik nicht einfach ein mechanistisches Verfahren von These, Antithese und Synthese. Dass die Gegensätze eins sind, dass die Negation der Negation möglich ist, dass der Umschlag von Quantität in Qualität und umgekehrt problematisch ist, sind nicht einfach methodische Bestimmungen, sondern *allgemeine Gesetze*, welche sich aus dem Wechselspiel von System und Methode, Struktur und Dynamik, Elementen und Relationen, Etwas und Beziehungen kontextuell ergeben und diese gleichzeitig bedingen. Dialektik wird somit selbst zum Problem und zur Lösung; zur Möglichkeit, widerspruchsvoll reale Widersprüche zu entdecken, zu explizieren und und auf der Basis vielleicht eine echte Änderung unserer Vollzugsformen zu erreichen.

3. Soziotechnische Infrastruktur. Dabei löst sich diese Sicht mehr und mehr von einer theoretischen Enge und wird zur Möglichkeit, heutige Entwicklungen zum Sprechen zu bringen. Das, was man *Digitalisierung* nennt, wird immer noch als rein artefaktisch zentrierter technischer Prozess gesehen, bei dem sich die Diskussion um Breitbandausbau dreht oder um die Gefahr eines gläsernen Menschen. Immer noch wird das referenz-semantische Menschenbild verwendet und mit einer pseudomechanischen Dialektik verwoben, bei der Beschleunigung und quantitativ große Datenmengen die Digitalisierung bestimmen sollen. Ein solches Verständnis dieser technischen Infrastruktur, ohne die soziale Verwendung und somit ohne die Perspektive auf unsere Vollzugsformen, kann nur als defizitär bezeichnet werden. Es werden nicht einfach quantitativ große Datenmengen über irgendwelche Breitbänder gesammelt, sondern *menschliche Akteure gestalten* über die Protokolle der digitalen Vernetzungsstrukturen wie auch die Verwendung der dauerhaft verbunden Endgeräte *kooperativ* die digitale Ära. Digitalisierung ist die Erstellung einer soziotechnischen Infrastruktur auf einer laufenden soziotechnischen Infrastruktur.

4. Kybernetik 2.0. Damit ergibt sich auch ein anderes Bild der heutigen Kybernetik, soweit man überhaupt noch diesen Begriff verwenden kann. An jeder Ecke kann man den neuen Schlachtbegriff *künstliche Intelligenz* (KI) hören, welcher aber schon in direkter Anwendung immer neue Namen bekommt. Autonomes Fahren, Neuronale Netzwerke oder ähnlich spezifische Begriffsbildungen der modernen Kybernetik kommen in einen Topf, um das Schreckgespenst einer dystopischen Zukunft zu beschwören oder die technokratische Utopie eines Transhumanismus auszumalen. Hier haben wir nicht nur einen Widerspruch zwischen Feuilleton und Machern, sondern zwischen Begriff und Relation. Der normale Begriffsgebrauch sieht in diesen „intelligenten" Maschinen nur simulierte und quantitativ hochgezüchtete Algorithmen, was für die meisten Umsetzungen auch gilt. Dennoch gibt es auch eine kompliziertere und in ihrer Wissensbasis anders verortete KI „zweiter Ordnung", die auch schon für

Kybernetik-Experten der DDR der 1980er Jahre ein Thema war[87]. Hoch entwickelte Systeme wie *Siri* und *Alexa*, welche nicht einfach sensorische Daten in Musterkaskaden (Neuronale Netzwerke) aufrechnen, sondern deren Sensorik selbst schon – etwa durch einen Google Knowledge Graph – semantisch vorgeprägt ist, sind keine einfachen quantitativen Fortsetzungen der meist besprochenen Systeme. Derartige „Vernunft-Systeme" werden aber zukünftige kooperative Vollzugsformen entscheidend prägen.

5. Realer Umschlag von Quantität zu Qualität. Ein Umschlag von Quantität in Qualität hat vor rund 15 Jahren stattgefunden durch die weltweite Vernetzung semantisch begründeter Musterbeschreibungen. Das, was man *Semantic Web* nennt oder *Internet of Things*, scannt nicht einfach Dinge, sondern assoziiert mit ihnen auf einer sehr hohen Protokollschicht einen Verweis auf die semantisch musterhafte Beschreibung unserer schon verwendeten Beschreibungsformen. Derartige „künstliche Intelligenzen" zeigen uns somit zum einen, dass unser referenz-semantisches Menschenbild versagt, sobald es hier kritisch zur Anwendung gebracht wird, und zum anderen zeigt es, dass Dialektik im richtigem Kontext nicht einfach eine Methodik ist, sondern eine *echte Einsichtsmöglichkeit in die Entwicklung*. Das Besondere dieses Umschlages ist seine qualitativ neue Dimension, ohne dass dabei die bisherige Quantität aufgehoben oder verdrängt würde. Echte Dialektik kann im Neuen auch das Alte in seinen Kontexten und Beziehungen verstehen und thematisierbar machen.

[87] K. Fuchs-Kittowski (2001). Wissens-Ko-Produktion. Verarbeitung, Verteilung und Entstehung von Informationen in kreativ-lernenden Organisationen. Frankfurt/M..

6. Programmierer zweiter Ordnung. Dementsprechend sind nicht nur dystopische Fantasien abzuwehren, sondern auch immer größere Ängste ernst zu nehmen, dass die Menschen aus der Arbeitswelt verdrängt werden. Dass es wie bei früheren technischen Wandlungsprozessen zu massiven Änderungen kommen wird und klassische Berufe verschwinden werden, ist nicht zu leugnen. Dennoch sind die Erwartungen wenig plausibel, dass es ja nun mehr „kreative Arbeit“ geben wird, welche die „Verluste im Vorwärtsschreiten“ (Bloch) kompensieren werden. Immer mehr Start-Ups, Künstler und Designer kann es zwar geben, aber die prekäre Einkommenslage spricht Bände über diese Option. Viel entscheidender ist es, den Umschlag von Quantität in Qualität durch semantische Technologien und deren alltägliche Verwendung in den uns dauerhaft begleitenden Endgeräten ernst zu nehmen. Diese semantischen Muster sind in den vergangenen 15 Jahren durch unterschiedlichste Akteure zusammengetragen worden, welche sich nicht notwendig kennen oder verabreden müssen, und durch semantische Protokolldependenzen global verlinkt. Die *Linked Open Data Cloud* bildet mit ihren interoperablen Ontologien – Philosophen würden diese eher als Vokabulare bezeichnen – einen riesigen Raum von digitalen Beschreibungen zum großen Teil bereits vordigital institutionalisierter Beschreibungsformen. Big Data Mining und Analyse ist mitnichten die Anwendung einfacher quantitativer Algorithmen, sondern eine digitale Form der dauerhaften Abgleichung und Beschreibung unserer sprachlichen Vollzugsformen. Somit ist für die Zukunft der Arbeitswelt ganz klar, dass auf diesen Umschlag reagiert werden muss. Überlappungsfreiheit von Ontologien, Big Data Analyse und Mining lassen sich mit relativ einfach zu bedienenden Werkzeugen ausführen und erfordern keine Kenntnis des Codes. Diese *Programmierer zweiter Ordnung*, die *Data Worker*, sind das Proletariat der Zukunft, welche das „Öl des 21. Jahrhunderts“ raffinerieren. Die

Zahlen in der Eurozone schwanken von Nichterfassung bis 300 und 6000; allein in Guiyang (China) zählt man 600 000.

7. Der innovative Erfinder. Dass der *blue collar worker* nie allein agiert, ist schon seit Taylors Arbeiten klar. Dieser Teil der soziotechnischen Infrastruktur, der Arbeiter am Fließband, galt als entscheidend für den Vollzug der Zweiten Industriellen Revolution. Nun rückt aber auch die sogenannte Kreativität wieder in den Fokus. Für wirklich komplexe Lösungen und Projekte, welche diese semantische Basis verwenden, stellen sich ebenfalls ganz neue Anforderungen. Entsprechende Projekte schauen derzeit nicht auf eine Marktführung, sondern auf eine Vorreiterrolle in der neuen Technologie. Flache Hierarchien, vernetztes Arbeiten und agile Methoden sind länger schon *state of the art.* In flexiblen und mobilen Gruppen wird auf verknüpfte und iterative Weise an einem Problem gearbeitet, was aber am *Grundproblem* nicht kratzt. Immer noch soll die Lösung einer Aufgabe durch kreatives Brainstorming und nicht durch systematische Analyse in Gang kommen. Dass damit nicht nur der echte Umschlag nicht gefasst werden kann, sondern Engen des Menschenbildes und der mechanistischen Vorgehensweise auf die Qualität des Lösungsprozesses durchschlagen, kann nicht verwundern. Problemlösen wird nicht als *Widerspruchsdenken* verstanden, welches kreativ und strukturiert zunächst einmal die *Bedingungen der Möglichkeit von Handeln* explizierend modelliert. Genau hier setzt TRIZ in der Idee von Rainer Thiel an. Kann ich durch derartige Einsichten in die (kooperativen) Bedürfnis- und Motivationslage von Menschen, ihrer Bewegungen und Beziehungen eine strukturierte, explizierende Modellierung der echten Widersprüche finden? Kann ich Erfinden lernen, indem ich systematisch-kreativ bin? Ist Kreativität für jeden erreichbar?

8. Digitale Erfinderschulen. Die Antwort lautet eindeutig „Ja“. Die Lebensleistung Rainer Thiels wird nun mehr als deutlich. Nicht nur die Arbeit am Menschenbild, an der Dialektik und der strukturiert-kreativen Erfindung sind das Bleibende, sondern der aufgezeigte Weg, der erst jetzt, im 21. Jahrhunderts, im Umschlag zu einer neuen Qualität der Transparenz und interpersonalen Vermittelbarkeit der (kooperativen) Bedürfnis- und Motivationslage von Menschen in einer *Open Culture* deutlich wird: Aufklärung als *lehrbarer Mut*, sich aus eigener und gesellschaftlicher Unmündigkeit zu befreien, in *digitalen Erfinderschulen.*

Das Erbe der Erfinderschulen in der DDR und die Entwicklung von TRIZ

Hans-Gert Gräbe, Leipzig

Dieser Artikel analysiert die Leistung und den (potenziellen) Beitrag der Erfinderschulen in der DDR zur Entwicklung der TRIZ-Theorie. Ein ARIZ-ähnlicher Ansatz wird verwendet, um zunächst eine theoretische Basis für eine solche Analyse zu entwickeln. Auf dieser Grundlage wird die Geschichte der Erfinderschulen anhand der in [1] dargelegten Fakten beschrieben. Der Text richtet sich sowohl an Historiker der sozialen und technischen Entwicklung als auch an Personen, die Aspekte der Erweiterung des Anwendungsbereichs von TRIZ auf andere Bereiche der Wissensproduktion diskutieren.

Einleitung

Altshuller hat nicht nur ein großes Erbe theoretischer Überlegungen zu TRIZ hinterlassen, sondern auch Möglichkeiten geprüft, seine Ansätze auf andere Bereiche der Wissensproduktion zu übertragen[1]. Die Analyse der Erfinderschulen in der DDR folgt diesem methodischen Ansatz, der hauptsächlich auf den analytischen Aspekten der Identifizierung von Widersprüchen und den systemischen Aspekten von TRIZ im Rahmen der SF-Analyse basiert. In diesem Artikel sollen die *praktischen* Bewegungsformen bestimmter *Anwendungen der TRIZ* im Rahmen der Erfinderschulbewegung analysiert werden.

Der Text basiert auf den Ausführungen in [1], in denen die Autoren eigene Erfahrungen und Befragungen von Mitstreitern der Erfin-

[1] Dies wird zum Beispiel im Vorwort von [2] ausführlicher erörtert.

derschulbewegung in der ehemaligen DDR systematisierend zusammenfassen. Dies wurde durch den Wunsch motiviert, jene Erfahrungen (letztendlich erfolglos) in den deutsch-deutschen Innovationsdiskurs einzubringen. In diesem Text werden die Kontinuitäten und Entwicklungen innovativer Verfahren unter sich verändernden gesellschaftlichen Bedingungen im gesellschaftspolitischen Umfeld der DDR und die Dynamik der Erfinderschulbewegung in den 1980er Jahren für den Zeitraum 1960 bis 1990 genauer analysiert.

ARIZ und die Beschreibung widersprüchlicher sozialer Prozesse

Über die sozio-technische Epistemologie der TRIZ

Slava Gerovich [3] argumentiert, dass die Entwicklungsgeschichte der TRIZ im Kontext der Änderungen des *methodischen Herangehens* an diese Fragen zu betrachten ist. Er unterscheidet zwischen internen, externen und kontextuellen Ansätzen als verschiedenen erkenntnistheoretischen Denkweisen über Prozesse der sozialen und technologischen Entwicklung und argumentiert, dass seit den 1930er Jahren eine interne Sicht auf Prozesse der technischen Entwicklung in der UdSSR vorherrschte, da die Diskussion über die sozialen Folgen technischer Entwicklung lebensgefährlich wurde. Dies war in 1920er Jahren, vor allem während der NEP – so Gerovich – noch nicht der Fall.

Eine solche interne sozio-technische Epistemologie ist nach Gerovich typisch für das realsozialistische Gesellschaftsmodell mit seiner grundlegenden Prämisse der „kontrollierten“ Bearbeitung sozialer Widersprüche, wurde aber zu verschiedenen Zeiten in verschiedenen Formen umgesetzt. Gerovich argumentiert, dass die 1930er Jahre in der Sowjetunion, insbesondere die scharfen Repressionen am Ende dieses Zeitraums, zu einem Übergang zu einem solchen internen Blick auf sozio-technische Entwicklungen führten. Erst in einem solchen Zusammenhang werden die universalistischen Ansprüche von Altschuller Theorie verständlich.

Die scharfe Reaktion auf die Adresse Altschullers an Stalin im Jahr 1948 unterscheidet sich erheblich von Altschullers späteren Möglichkeiten zu handeln. Dabei sind die veränderten gesellschaftlichen Bedingungen in der Chruschtschow-Epoche seit Mitte der 1950er Jahre zu berücksichtigen. Eine solche Veränderung der politischen Formen, wie auch die anschließende Verschärfung der Regeln in der Breshnew-Zeit, hatten offensichtlich einen starken Einfluss auf die praktischen Bewegungsformen von Erfindern und Rationalisatoren und damit auch auf deren soziale und technische Erfahrungen als Hauptquelle für die Weiterentwicklung der TRIZ-Theorie.

Soweit ich sehen kann, sind solche Aspekte noch wenig untersucht. Gerovich geht weiter und analysiert die Auswirkungen der Restrukturierung und der Post-Perestroika-Zeit auf die Epistemologie soziotechnischer Innovationstheorien in der russischsprachigen Welt in der Mitte der 1980er und in den 1990er Jahren. Eine solche Perspektive wird in diesem Text nicht verfolgt. Wir beschränken uns auf bestimmte Aspekte der Anwendung und Weiterentwicklung von TRIZ im System der Erfinderschulen der DDR.

Wir analysieren diese Entwicklung – vergleichbar mit [4] – mit einer ARIZ-ähnlichen Methodik, die dem kontextuellen Ansatz im Sinne von Gerovich folgt. Dazu müssen zunächst methodologische Aspekte einer solchen Analyse untersucht und entwickelt werden. Die eigentliche Analyse reduziert sich danach auf den üblichen internen Ansatz der TRIZ.

Ich folge dabei den Schritten 1 und 2 der ARIZ-85C-Methodik und konzentriere mich auf die Systemanalyse wie in [4] und die zusätzliche Anwendung von SF-Ansätzen. Der Zugang orientiert sich an den in [5] entwickelten Begrifflichkeiten.

Schritt 1: Analyse der Ausgangssituation

Nach der Methodik von ARIZ-85C beginne ich mit der *Formulierung folgender Mini-Aufgabe*: „Erklären und analysieren Sie die Dynamik des Erfinderschulbewegung in den 1980er Jahren“. Um die Hauptfunktionen und Systemwidersprüche zu entwickeln, separieren wir zunächst, wie in [4], das Beschreibungssystem (im Folgenden kurz das System) in drei aufeinander folgende Abstraktionsebenen:

- *System:* Erfinderschulbewegung.

  Hauptfunktionen: Verbreitung des Erfindergeistes und Weiterentwicklung der Grundlagen innovativer Methoden.

- *Subsysteme:* Die Vielzahl der Erfinderschulen in verschiedenen Unternehmen (hauptsächlich in den Kombinaten – eine Form staatlicher Trusts in der DDR).

  Hauptfunktion: Unterstützung bei der Lösung von praktischen Problemen des betrieblichen Alltags im Kontext immer komplexer werdender vernetzter Bedingungen.

- *Obersystem:* Der „Realsozialismus“[2] als sozialpolitisches System.

  Hauptfunktion: Organisation von Prozessen in einer Weise, welche die grundsätzliche Herrschaft der Nomenklatura[3] jederzeit garantiert.

[2] `https://de.wikipedia.org/wiki/Realsozialismus` enthält eine ausführlichere Erklärung für dieses Konzept, das hier als gegeben angenommen wird.

[3] Walter Ulbricht (1945) wird ein Zitat zugeschrieben, das diese *grundlegende Funktion* erklärt: „Es muss demokratisch aussehen, aber wir müssen alles in der Hand haben“. In [6:406].

Zwei Kommentare müssen ergänzt werden:

1. Es existieren andere Systemebenen, insbesondere das allgemeinere System der „brüderlicher Beziehungen“ im östlichen politischen und wirtschaftlichen System und das globale soziopolitische System, in welchem zu jener Zeit der „Systemwettstreit“ dominierte. Auf all diesen Ebenen finden wir Kontinuität und Veränderung. Veränderungen auf der Ebene des globalen sozio-politischen Systems zeichnen sich in den Jahren 1945-1960 und nach 1990 deutlich ab. Mit unserer Beschränkung auf den Zeitraum 1960-1990 haben wir es mit einer relativ stabilen Periode auf diesem Niveau zu tun. Dies ändert sich bereits für das Niveau des östlichen politischen und wirtschaftlichen Systems, dessen Entwicklung grob in drei Phasen (1960er, 1970er, 1980er Jahre) unterteilt werden kann, wobei der Übergang zwischen diesen Phasen durch bedeutende Veränderungen im institutionellen Umfeld gekennzeichnet ist.

2. Ich verwende einen *submersiven Systembegriff*, wie er in der (mathematischen) Theorie dynamischer Systeme üblich ist, der sich von [4] unterscheidet. Dieses Konzept betrachtet ein System als das Ergebnis eines Abstraktionsprozesses, der von Natur aus *immer* reduktionistisch ist. Um die Beziehung zwischen verschiedenen Systemvorstellungen zu beschreiben, werden diese Abstraktionen als *Projektionen* einer „großen Geschichte“ in niedrigdimensionale Phasenräume betrachtet. Eine solche Reduktion ist nicht nur von *theoretischem* Interesse (als „Beschreibungssystem“ im Sinne von [4]), da in der Realität technischer Systeme verkörperte Modellideen auch *praktische soziale Dynamiken entwickeln.*

> Bei diesem Zugang zur Systemtheorie sind die Beziehungen zwischen dem System und Obersystemen nicht auf eine einfache Einbettung beschränkt, sondern können als komplexere kategorielle Strukturen modelliert werden. Darüber hinaus unterliegen diese Beziehungen in unserer Situation selbst der historischen Entwicklung. Auch können so *verschiedene Formen* der Komplexitätsreduktion auf *verschiedenen* Systemebenen verwendet werden, um Widersprüche *innerhalb* der Systemhierarchien auszudrücken, indem ein System *mehreren* Obersystemen zugeordnet wird.

Im Gegensatz zu [4], wo Konflikte zwischen zwei Systemen auf derselben Ebene (geozentrische und heliozentrische Weltbilder) behandelt werden, haben wir es mit Konflikten zwischen Systemen auf *verschiedenen* Ebenen zu tun. Als *Hauptwiderspruch* gemäß der ARIZ-Methodik betrachten wir den *Widerspruch zwischen der Förderung des kreativen Geistes und der gleichzeitigen Begrenzung des kritischen Geistes* im Obersystem, da dieser Widerspruch die Systemfunktionen der Entwicklung innovativer Methoden maßgeblich beeinflusst.

In einem solchen Zugang spielen die Subsysteme nur die Rolle der Präsenz der „realen Welt“ als Quelle der Erfahrung für das System Erfinderschulbewegung. Der *Unterschied* zwischen den Hauptfunktionen des Systems und der Subsysteme ist jedoch zu berücksichtigen, wenn weiter unten der Einfluss der Erfinderschulbewegung auf die Entwicklung der TRIZ diskutiert wird. Ich möchte hier bereits betonen, dass ich die Bedeutung der Erfahrungen der Erfinderschulbewegung insbesondere in Fragen der Anwendung der TRIZ unter modernen Managementbedingungen sehe.

Schritt 2. Konfliktverstärkung und Modellanalyse

Wir haben den Hauptwiderspruch und ein Mini-Problem fixiert und müssen nun die *operative Zone* genauer bestimmen. Wir haben die Verschärfung des Konflikts als Unterpunkt des ersten Schrittes in diesen Abschnitt verschoben, da er die innere Struktur der Konfliktzone stärker beleuchtet.

Die historische Erfahrung legt nahe, dass das Obersystem als Standardreaktion auf eine Zunahme des kritischen Geistes bei Überschreiten einer bestimmten Schwelle „zurück schlägt“ und die Möglichkeiten des kreativen Geistes reduziert. Eine solche Schwelle als „ungeschriebenes Gesetz“ ist den Akteuren gut bekannt und sie verhalten sich entsprechend. Unsere Hauptfiguren, die sozial mit den erfinderischen Strukturen des Systems verbunden sind, reagieren in der Regel so vorsichtig wie möglich, um ihre Freiheiten im Obersystem nicht zu gefährden.

Diese Schwelle bewegt sich mit der Zeit. Insbesondere in einer Zeit, in der mehr Erfindungsfreiheit gefordert ist, nimmt auch die Freiheit des kritischen Denkens zu, zumindest wenn das Obersystem nicht unter zu starkem Druck steht. Dieser Prozess kann in der Geschichte der DDR auf Obersystemebene im betrachteten Zeitraum verfolgt werden. Wir analysieren diese Entwicklung kurz, um ein vollständigeres Bild über die Dynamik der Konfliktzone zu erhalten.

1960er Jahre: Diese Periode war von der *Neuen Ökonomischen Politik*[4] geprägt und bot relativ viele Möglichkeiten für die Entwick-

[4]NÖSPL – das „Neue Ökonomische System der Planung und Leitung“ wurde 1963 eingeführt und arbeitete mit Veränderungen bis 1971, wo es von den neuen Führungskräften um Erich Honecker abgelöst wurde. Viel früher wurde NÖSPL

lung des kreativen Geistes. Michael Herrlich [8] berichtet von einer Reise nach Moskau als Mitglied einer Ministerialdelegation, um die Erfahrungen mit VOIR zu studieren[5], was zum ersten Kontakt mit der TRIZ-Methodik führte.

Herrlich war die zentrale Figur im Kreis der *Verdienten Erfinder* (kurz VE), einer besonderen Reputationsstruktur für Personen, die sozial mit dem Innovationssystem verbunden waren. Diese seit 1950 bestehende Struktur des Obersystems brachte nicht nur Ehre und Anerkennung der besonderen sozialen Rolle der Erfinder mit sich, sondern schuf auch einen gesellschaftlichen Kontext, welcher in den 1980er Jahren für die aufstrebende Erfinderschulbewegung wichtig war.

Einen bedeutenden theoretischen Beitrag zu einer Innovationstheorie leisteten Johannes Müller, Peter Koch und andere seit 1964 unter dem Namen *Systematische Heuristik* (SH), siehe [9]. Diese Forschungsarbeiten wurden zunächst an der TH Karl-Marx-Stadt (heute TU Chemnitz), dann an der AMLO[6] (bis 1972) und später am Zentralinstitut für Kybernetik und Informatik der Akademie der Wissenschaften ausgeführt. Diese Theorie hatte großen Einfluss auf eine ganze Generation von Ingenieuren. Vorsichtige Versuche, diesen Ansatz der (nicht-akademischen) Theorie der TRIZ näher zu bringen, waren – wie ich es verstehe – vor allem aufgrund der akademischen Ansprüche der Müller-Gruppe nicht erfolgreich. Die Verbrei-

bereits von der sowjetischen Führung unter Leonid Breshnew kritisiert.

[5]WOIR (Всесоюзная Организация Изобретателей и Рационализаторов) ist heute die „Allrussische Gesamtorganisation der Erfinder und Innovatoren“, `http://www.ros-voir.ru/`. Diese Massenorganisation der sowjetischen Gewerkschaften wurde 1932 gegründet, 1938 von Stalin geschlossen und 1957 wiedereröffnet. Der russische Präsident Wladimir Putin hielt eine kurze Begrüßungsrede an die Delegierten des VI. Allrussischen Kongresses von VOIR im Jahr 2017, `http://www.ros-voir.ru/ru/news/7`.

[6]Akademie der marxistisch-leninistischen Organisationswissenschaften.

tung von SH war jedoch nicht nur der Grundstein für einen späteren Aufstieg der Erfinderschulbewegung, sondern muss auch als eine der Quellen der speziellen TRIZ-Rezeption in der DDR betrachtet werden.

Heuristik, AMLO und die Förderung der VE-Sozialstrukturen waren Teil einer Strategie auf Obersystemebene, das kulturelle Innovationspotenzial mit dem Potenzial einer intensiveren Durchdringung der Produktions mit kybernetischen Aspekten der Datenerfassung, -kontrolle und -regulierung zu kombinieren[7]. Am Ende dieses wichtigen strategischen Experiments auf Obersystemebene wurde aus den Strukturen der VE heraus die Initiative zur Übersetzung des TRIZ-Basistextes [10] ergriffen, auch wenn diese Übersetzung erst 1973 veröffentlicht wurde.

Auf der Grundlage dieser Analyse ist es schwierig, bereits zu diesem Zeitpunkt über eine Erfinderschulbewegung zu sprechen. Daher müssen wir das Modell korrigieren und das *innovative System* mit den VE- und SH-Komponenten anstelle des Erfinderschulbewegung als Systeme mit denselben zwei Hauptfunktionen wie zuvor einsetzen.

1970er Jahre: Die Verlangsamung der Entwicklung auf der Ebene des Obersystems ist in den späten 1960er Jahren deutlich zu erkennen und eskalierte dramatisch mit den Ereignissen in Prag im Jahr 1968. Walter Ulbricht versuchte zu widerstehen, wurde aber 1971 von Erich Honecker ersetzt, der ein strengeres Regime für den *Hauptwiderspruch* zwischen dem erfinderischen und dem kritischen

[7] Ansätze der Produktionssteuerung auf der Grundlage von Datenerfassung, in der DDR der 1960er Jahre unter dem Begriff der *Betriebsmess-, Steuerungs- und Regelungstechnik* (BMSR) bekannt und auch in das Berufsbildungssystem integriert, erleben derzeit einen „zweiten Frühling“.

Geist einführte, dessen Folgen jetzt diskutiert werden sollen. Auch wenn der Keim der TRIZ in der DDR gesät war und eine bestimmte Dynamik zeigte, veränderten sich die Verbreitungsbedingungen der TRIZ in den 1970er Jahren zum schlechteren, wie Rainer Thiel in seiner Autobiographie [11] im Detail beschreibt.

Die Erhöhung des (informellen) Drucks auf die Strukturen der Erfinder hatte nicht nur einen erheblichen Einfluss auf das *innovative System* und seine *Hauptfunktion* – die Weiterentwicklung der Grundlagen innovativer Methoden –, sondern auch auf die Sozialstrukturen der VE und der SH-Gruppe, was zu einer deutlichen Verlangsamung der Entwicklung führte. Die nachlassende Dynamik des innovativen Systems hatte seinen Einfluss auf das Obersystem, was (nicht nur aus diesem Grund) zur Verschärfung der wirtschaftlichen Probleme in den 1980er Jahren führte.

Als Ergebnis der Analyse dieser beiden Zeiträume stellen wir fest, dass in der DDR die Strukturen VE und SH als Komponenten des innovativen Systems existierten und als Vorläufer der Erfinderschulen zu betrachten sind. Die Beziehungen *zwischen* diesen beiden Komponenten sind noch wenig untersucht. Es scheint, dass die Erhöhung des informellen Drucks innerhalb der Obersystems die Widersprüche zwischen den beiden Komponenten verstärkt und schließlich die Sichtbarkeit der SH-Komponente stark reduziert hat.

Aus dieser retrospektiven Sicht kann eine *dritte Komponente* des innovativen System identifiziert werden – ein kurzer, aber intensiver Aufstieg einer akademisch institutionalisierten Kybernetik in der DDR der Jahre 1969-1974[8], aus der institutionelle und persönliche Verbindungen von Personen geblieben sind, die mit dialektischen

[8]Die 10. Ausgabe des *Philosophischen Wörterbuchs* (Leipzig, 1974) war die letzte Ausgabe, die den hauptsächlich unter der Leitung von Georg Klaus entwickelten terminologischen Apparat der Kybernetik enthielt.

Methoden und der Epistemik von Widerspruchsanalysen (kurz DC) vertraut sind. Menschen wie Rainer Thiel sind in den 1970er Jahren Unikate, haben aber die Erfinderschulbewegung in den 1980er Jahren stark beeinflusst.

1980er Jahre: Aufgrund der Verschärfung der Widersprüche zwischen den verschiedenen Komponenten des innovativen Systems in den 1970er Jahren ist es möglich, dass Michael Herrlich [8] und Rainer Thiel [1] unterschiedliche Geschichten über den kurzen, aber spürbaren Aufschwung der innovativen Ansätze in praktischen industriellen Anwendungen auf der Grundlage von TRIZ in der DDR der 1980er Jahre erzählen.

Diese dritte Periode beginnt mit der Entscheidung, „die Entwicklung, Produktion und Nutzung der Mikroelektronik in der DDR zu beschleunigen“, die im Juni 1977 vom zentralen Parteikomitee verabschiedet wurde, und mit dem Beschluss des Ministerrates im März 1978, „Maßnahmen zur Förderung des Erfindertums“ zu ergreifen. Die Voraussetzungen, die Stakeholder und die globalen Bedingungen dieser neuen strategischen Wende auf Obersystemebene in Richtung einer Stärkung des innovativen Systems wird in [12] im Detail analysiert.

Details sind für unsere Analyse weniger wichtig[9] außer der grundlegenden Beobachtung, dass die neue Wende sowohl die Probleme als auch die Handlungsfreiheiten auf der Ebene der Subsysteme (d.h. der Produktionseinheiten) erhöht hat. Der neue Aufschwung auf der Ebene des innovativen Systems in Form der Erfinderschulbewegung

[9]Zu beachten ist jedoch die wichtige Schlussfolgerung in [12], dass bereits zu diesem Zeitpunkt die meisten Entscheidungen auf Obersystemebene von den Werksleitern und dem Geheimdienst und *nicht von den Parteibehörden* getroffen wurden und daher weit weniger ideologisch waren, sondern sich an den *praktischen Bedürfnissen* orientierten.

in den 1980er Jahren wurde durch Anforderungen an die Subsysteme verursacht und hatte einen *praktischen* Fokus, während der Aufschwung in 1960er Jahren vom Obersystem mit einem klaren Fokus auf Theorie und Umsetzung dieser theoretischen Ansätze in die betriebliche Realität der Subsysteme initiiert wurde. Daher ist die Erfinderschulbewegung im Kern eine *praktische* Bewegung, die auf vorhandenen Innovationstheorien basiert, und nur fortgeschrittene Trainer haben zur Entwicklung dieses theoretischen Rahmens beigetragen.

Zur Stärkung der Positionen der TRIZ wurden Altschullers Bücher [13] und [14] in relativ kurzer Zeit in den frühen 1980er Jahren ins Deutsche übersetzt und veröffentlicht. Danach wurde im Rahmen der Erfinderschulbewegung eine große Menge eigener Literatur zu diesem Thema publiziert, siehe die Bibliographie in [15]. Nach einer an dieser Stelle notwendigen Einfügung kehren wir weiter unten zu diesen Prozessen zurück.

Zurück zu Schritt 1: Austausch von Feldern und Substanzen

Bisher haben wir VE, SH und DC als die drei Elemente des Innovationssystems definiert, die für die Analyse der Erfinderschulbewegung wichtig sind, und haben temporär den Begriff „Komponente" verwendet. Der offensichtliche Unterschied zwischen der Dynamik von SH und DC einerseits und VE andererseits, insbesondere in den 1970er Jahren, weist auf einen Widerspruch hin, der gelöst werden sollte. Die Methodologie von ARIZ empfiehlt, in einer solchen Situation zu Schritt 1 zurückzukehren und die Modellierung zu verbessern. In Bezug auf die *Dynamik* sehen wir, dass die Komponenten SH und DC als Teil der *akademischen Innovationstheorien* betrachtet werden sollten, die (in einer *kontextuellen* Sichtweise im Sinne von

Gerovich) *zwischen* dem System und dem Obersystem angesiedelt sind. Daher ist es sinnvoller, die Entwicklung der Bewegungsformen dieser beiden Komponenten unter dem Gesichtspunkt der *Beziehungen* zwischen dem System und dem Obersystem und damit als *Feld* im Rahmen der oben entwickelten Modellierung zu betrachten. Gleiches gilt für die VE-Komponente als Vermittlungsform zwischen den Ebenen des innovativen und des *Produktionssystems*, das jetzt die zahlreichen zuvor eingeführten Subsysteme von Produktionseinheiten ersetzt[10].

Allerdings ergeben sich die Bewegungsformen des Systems Erfinderschulbewegung – und der Entwicklung von TRIZ insgesamt – nicht aus den Bewegungsformen dieser beiden Felder, sondern aus den *Beziehungen* zwischen diesen Feldern. Die *Konfliktzone* liegt zwischen den theoretischen Ansätzen, welche die praktischen Erfahrungen analysieren, zusammenfassen und institutionalisieren, und den praktischen Erfahrungen selbst.

In der klassischen ARIZ wird die Stoff-Feld-Methode in erster Linie angewendet, um kostengünstige oder „von selbst" wirkende Faktoren zu identifizieren, mit denen Probleme durch positive Synergien gelöst werden können. Eine solche spezifische Anwendung des Ansatzes ist für die historische Analyse unzweckmäßig, da es sich in diesem Fall darum handelt, Widersprüche und ihre Bewegungsformen zu *identifizieren* und nicht aufzulösen. Wir zeigen, dass dieser Ansatz trotzdem auch für eine genauere Problemerkennung in einer solchen Analyse anwendbar ist.

In der ARIZ-Methodik wird empfohlen, in einer vergleichbaren Situation zu versuchen, „von Monosubstanzen zu nicht einheitlichen

[10]Es sei in Klammern festgestellt, dass ein solcher Austausch an dieser Stelle auch das offensichtliche Problem falscher Abstraktionsebenen in unserem ersten Modellierungsversuch löst.

Bisubstanzen oder Polysubstanzen zu wechseln" [16:Regel 34]. Wir gehen einen anderen Weg und schlagen vor, die früheren *relationalen Bereiche* zwischen dem System und dem Obersystem einerseits und dem System und dem Subsystem andererseits als *Substanzen* zu behandeln und das innovative System als *Feld*, das diese verbindet. Ein solcher Perspektivwechsel als *Prinzip der Umwandlung eines Verbs in ein Substantiv* scheint in der klassischen TRIZ keine Rolle zu spielen, ist aber ein wichtiges Instrument in dialektischen Überlegungen und wird normalerweise in der entgegengesetzten Richtung angewendet, um stark verhärtete regulatorische Bedingungen zu zwingen, über ihren Ursprung und ihre Entwicklung zu „sprechen".

Das Konzept *Substanz* steht in engem Zusammenhang mit dem Konzept des *Produkts* als „ein unveränderliches Element, ... das wirklich nicht geändert werden kann, d.h., es ist nicht angebracht, es zu ändern, wenn eine Mini-Aufgabe gelöst wird." [16:Regel 21] Das Prinzip der Umwandlung eines Verbs in ein Substantiv führt genau zu einer solchen (reduktionistischen) Schließung einer Region, indem die Beziehungen der Region nach außen begrenzt werden.

Ein solcher Perspektivwechsel erlaubt es, im weiteren Verlauf dieses Textes zu dem für die TRIZ-Methodik typischen internen Ansatz im Sinne von Gerovich überzugehen. Die reduktionistische Natur von TRIZ ist – wie von jeder anderen nützlichen Theorie – offensichtlich. Wir halten an dieser Stelle einige solche Einschränkungen als Ergebnis dieses spezifischen methodischen Zugangs fest, welche für die weiter unten fortgeführte Beschreibung der Erfinderschulbewegung konstitutiv sind.

1. Betrachtet man die Beziehung zwischen dem System und dem Obersystem als *Substanz*, so werden die Komponenten DC und SH als „Produkte" betrachtet und deren interne Entwicklung und historische Herkunft verborgen.

2. Gleiches gilt für die VE-Komponente. Damit verschwinden zwei erstaunliche Aspekte in der Geschichte der VE aus unserem Blick: die Mechanismen der Begrenzung des kritischen Geistes *innerhalb* der sozialen Strukturen von VE und die überraschende Konstanz von Michael Herrlichs Auftreten als zentrale Figur von VE über die gesamte Zeit im Vergleich zu anderen Akteuren in allen drei Komponenten.

Der letztgenannte Effekt ist für diejenigen, die die Situation in der DDR kennen, nicht überraschend und dürfte mit spezifischen innerdeutschen Beziehungen zusammenhängen, welche die DDR während ihres Bestehens begleitet haben. Dies ist jedoch weit von dem entfernt, was hier diskutiert wird, da der Grad der Konfrontation auf der Ebene des globalen Systeme berücksichtigt werden müsste.

Das Erbe der Erfinderschulbewegung und TRIZ

Noch einmal zur Operativen Zone

Fassen wir unsere bisherigen Argumente zusammen. Als zwei Pole unseres Mini-Problems haben wir die Beziehungssysteme zwischen dem innovativen System und dem sozialpolitischen System einerseits und zwischen dem innovativen System und dem Produktionssystem andererseits definiert. In der ersten Beziehung haben wir DC und SH als Komponenten identifiziert. Natürlich sollte der theoretische Korpus von TRIZ selbst als dritte Komponente hinzugefügt werden, der in den 1980er Jahren im Rahmen der Erfinderschulbewegung intensiv rezipiert wurde.

In der zweiten Beziehung haben wir die Struktur der VE als einzige Komponente definiert. Diese Beschränkung auf eine solche „Monosubstanz“ ist sinnvoll, wenn wir die *praktischen* Formen der Erfinderschulbewegung betrachten, auch wenn wir Komponenten wie die Neuererbewegung, die Messen der Meister von Morgen oder die Jugendforschungskollektive ausschließen, siehe [1:Abschnitt 5]. Bei einer solchen normativen Stärkung der VE-Struktur wird die Motivationsstruktur nur durch externe Analyse sichtbar und nicht in ihren internen Zusammenhängen, was manchmal zu schablonenartigen Bildern führt.

Wie bereits oben erläutert, wurde der Aufstieg des Erfinderschulbewegung in den 1980er Jahren hauptsächlich von den Anforderungen des Produktionssystems bestimmt. Barkleit [12] beschreibt, wie weit in den frühen 1980er Jahren der Prozess der Auflösung der ideologischen Grundlage des inneren Machtkreises fortgeschritten war, auch wenn er damals noch nicht auf der Oberfläche des sozialpolitischen Systems sichtbar wurde. Das Kräfteverhältnis verlagerte sich zunehmend zugunsten der Führer großer Produktionseinheiten. Die DDR hat sich damit mehr und mehr in Richtung eines einheitlichen, auf dem Weltmarkt agierenden Staatsunternehmen mit Fabriken in verschiedenen Geschäftsbereichen entwickelt. Daher ist die Ähnlichkeit vieler Phänomene mit den organisatorischen Phänomenen moderner kapitalistischer Großunternehmen nicht nur äußerlich. Insbesondere gibt es eine Reihe von Phänomenen, wie sie typisch für Unternehmen sind, die kurz vor der Insolvenz stehen: Stärkung der Position der mittleren Leitungsebene (in diesem Fall der Kombinatsdirektoren) im Vergleich zum strategischen Management (Partei und Staat) sowie verstärkte Kontrolle (durch den Nachrichtendienst), siehe [12] für Details.

Wir schließen diesen Abschnitt mit einem längeren Zitat aus [1], das die Situation anschaulich beschreibt: „Die Situation auf dem Gebiet der Industrieforschung barg immensen Handlungsbedarf sowohl in planungsmethodischer als auch in bildungsmethodischer Hinsicht.

Doch niemand äußerte ihn und schuf eine entsprechende Auftragslage. Hier sprang die Erfinderschule ein. Sie tat das, was standes- und verantwortungsbewusste Ingenieure in F/E sonst auch taten, wenn die Problemignoranz ihrer Leitungen unerträglich wurde: Sie zog sich das Problem auf ihren Tisch und erteilte sich selbst den Auftrag zu seiner Lösung. Und wie auch sonst wurde das von denen geduldet, die eigentlich dafür zuständig waren, wenn nur die Grundregeln loyalen Verhaltens dabei beachtet wurden.“ [1:56]

Erfinderschulbewegung – Handelnde Personen und ihre Aktivitäten

Die Hauptausrichtung der Erfinderschulbewegung zielte daher nicht auf die Lösung komplexer *technischer* Anforderungen wie bei der klassischen TRIZ („Aufgaben“) ab, sondern richtete sich bereits damals auf komplexe *Managementprobleme*, mit denen Unternehmen auch heute unter schwierigen wirtschaftlichen Bedingungen konfrontiert sind. Unter diesem Gesichtspunkt ist es interessant, die im Rahmen der Erfinderschulbewegung entwickelten Verbesserungen der TRIZ mit den Ansätzen zur Ausweitung der TRIZ auf moderne Managementprobleme zu vergleichen.

Die Hauptakteure der Erfinderschulbewegung kamen aus den Reihen der Ingenieure und technischen Mitarbeiter großer Unternehmen. Die hauptsächliche Organisation der Bewegung lag in den Händen der KdT[11], dem ostdeutschen Ingenieursverband. Nach An-

[11] Die KdT (Kammer der Technik) war eine Organisation, die 1946 von der Gewerkschaft gegründet wurde und deren Aufgabe darin bestand, Ingenieure, Techniker und Wissenschaftler in der technischen Arbeit zu vereinen. Die KdT konnte sich im Rahmen ihrer Möglichkeiten eine gewisse Unabhängigkeit von der SED bewahren. Sie bot Ingenieuren, technischen Spezialisten und Betriebswirten die Möglichkeit der Zusammenarbeit über alle von der Planbürokratie gesetzten

gaben der Autoren von [1] gab es in der Hälfte der 150 Kombinate Erfinderschulen, zumindest auf Basis einer einwöchigen oder zweiwöchigen Ausbildung. Die ersten Erfinderschulen (1980–82) fanden gewöhnlich in Form von 5-tägigen Workshops statt. Für komplexe Aufgaben war der direkte Kontakt mit dem Management der Anlagen wichtig, aber auch schwierig. Hier übten, besonders nach 1983, die Patentabteilungen der Kombinate häufig die Funktion des Türöffners aus. Ohne einen solchen Zugang gab es oft eine abwartende Haltung im Unternehmen. Es war hilfreich, dass die Direktoren der Forschungsabteilungen der Werke Ingenieure waren und oft zur KdT gehörten. [1:33]

Erfolgreiche Trainer – alle waren Verdiente Erfinder der DDR und bekleideten führende technische Positionen in großen Unternehmen – waren

- Michael Herrlich, Backwarenkombinat Leipzig,
- Hans-Jochen Rindfleisch, Transformatorenwerk Berlin,
- Hansjürgen Linde, Lebensmittelkombinat Gotha,
- Karl Speicher, Dampfturbinenkombinat Berlin,
- Dietmar Zobel, Stickstoffkombinat Piesteritz.

Im Laufe der Zeit wurden die Kurse in Richtung eines mehrstufigen Prozesses weiterentwickelt. Ein typisches Programm dieses Kurses wird in [1] beschrieben: [1:33]

- Nach Vereinbarung mit dem jeweiligen Spitzenmanagement des Betriebes wählen die unterstellten Leiter die Teilnehmer der Erfinderschule aus.
- Auswahl der Probleme sowie nachhaltige Zuordnung zwischen Problemen und Teilnehmern.

Grenzen und den internationalen Erfahrungsaustausch.“ (Aus der deutschen Wikipedia)

- Vorbereitung der Teilnehmer auf die Erfinderschule: Die Teilnehmer beschafften Daten aus Marketing, Technologie und Ökonomie; sie recherchierten im internationalen Patentfonds. Sie werden von Mitarbeitern des Patentbüros in die Patentrecherche eingewiesen; sie beginnen, das Lehrmaterial zu lesen.
- Erste Werkstattwoche im Internat, mit dem Zwischenergebnis einer „vom Standpunkt des Betriebes und vor dem Hintergrund des gesellschaftlichen Bedürfnisses (des Marktes) treffenden, exakten und anspruchsvollen Erfindungsaufgabe“ sowie dem Entwurf eines persönlichen Plans jedes Teilnehmers zur weiteren Arbeit am Problem.
- Präsentation der Erfindungsaufgabe und des Arbeitsplans im Betrieb; Entscheidung der verantwortlichen Leiter.
- Entwürfe, Überschlagsrechnungen, Handversuche, erneute Patentrecherchen, Lösungsvorschläge während mehrwöchiger Arbeit im Betrieb.
- Zweite Werkstattwoche im Internat; Kritik des Lösungsansatzes in der Gruppe, Klärung des Ansatzes; Entwurf eines Patentdokuments; Arbeitskonzept für den Übergang zur Produktion.
- Präsentation der Ergebnisse im Unternehmen; verantwortlicher Entscheidungsmanager.

Beitrag der Erfinderschulbewegung zur theoretischen Basis der TRIZ

Die wichtigste Beobachtung bei der Klassifizierung typischer Managementprobleme im Kontext des Erfinderschulbewegung war die Unterscheidung zwischen den drei operativen Bereichen *Anforderungsanalyse*, *technologische Probleme* und *technische Probleme*. In [1] werden die Widersprüche in diesen drei Stufen als „Schlüssel auf dem Weg vom Kundenproblem zur marktgerechten Erfindung" bezeichnet, siehe [1:106].

Eine solche Übertragung von TRIZ-Ansätzen auf vielschichtige Managementprobleme liegt im Zentrum des theoretischen Erbes der Erfinderschulen der DDR. Es wurde in zwei theoretischen Versionen präsentiert – ProHEAL und WOIS. Wir werden im Folgenden nur ProHEAL betrachten und verweisen für WOIS[12] auf die Veröffentlichungen von Linde [17], [18].

Den drei Handlungsfeldern auf dem Weg von der *technisch-ökonomischen Problemsituation* zur *neuen Prinziplösung oder Erfindung* folgend identifiziert ProHEAL drei Schichten von Widersprüchen:

- *Technisch-ökonomische Widersprüche* als Ergebnis der Analyse widersprüchlicher Ziele im technischen und wirtschaftlichen Bereich, beschränkt auf den Stand der Technik,
- *Technisch-technologische Widersprüche* als Ergebnis der Analyse von Konflikten im kritischen Funktionsbereich der Basisvariante, verursacht durch schädliche *technische* Effekte und
- *Technisch-naturgesetzliche Widersprüche* als das Ergebnis der Analyse von Konflikten am kritischen Funktionsbereich der Wirkvariante, verursacht durch schädliche Naturgesetze.

In allen drei Handlungsfeldern werden ARIZ-artige Techniken eingesetzt, die jedoch mit anderen Instrumenten ausgestattet werden müssen, um die Liste der Prinzipien und die Matrix zu ersetzen, die nur für den *technischen* Bereich gelten (zumindest in der klassischen Form der TRIZ).

ProHEAL ist eine Abkürzung für *Programm zum Herausarbeiten von Erfindungsaufgaben und Lösungsansätzen.* Die vorgeschlagene

[12] WOIS ist die Abkürzung für *Widerspruchsorientierte Innovationsstrategien.*

algorithmische Lösung verknüpft drei ARIZ-ähnliche Instanzen in einem komplexen algorithmischen Programm (dargestellt in einem speziellen Flussdiagramm, siehe [1:107-109]). Diese Instanzen sind über schlanke Schnittstellen, aber auch mit Rückkehrpfaden untereinander verbunden.

Die methodischen Details der Anpassung von ARIZ an den Umgang mit Widersprüchen in diesen drei Handlungsfeldern sind im Konzept der ABER-Matrix zusammengefasst[13], das *vier allgemeine Fragen* (Anforderungen, Bedingungen, Erwartungen, Einschränkungen) mit *vier allgemeinen Aspekten* (Funktionalität, Rentabilität, Verwaltbarkeit, Benutzerfreundlichkeit) in einer Matrix mit 16 Feldern kombiniert, die auf alle drei Transaktionsfelder einheitlich angewendet werden kann.

Widersprüche werden den entsprechenden Elementen der Matrix zugeordnet und im Kontext der Konfliktintensivierung unter den Bedingungen verschiedener Extremparameter analysiert. Die Widersprüche, die während dieses Verfahrens in der Matrix auftreten, werden wie in ARIZ verwendet, um das Problem weiter zu klären.

Schlussfolgerung

Dies ist nicht der Ort, um das Konzept von ProHEAL detailliert zu beschreiben, da wir uns auf die Analyse der sozio-politischen Bedingungen konzentriert haben, unter denen sich die Bewegung der Erfinderschulen der DDR entwickelte. Eine detailliertere Beschreibung der konzeptionellen Elemente von ProHEAL ist in [1] zu finden. Weitere Überlegungen zu TRIZ, basierend auf Erfahrungen der Erfinderschulbewegung, wurden von Dietmar Zobel systematisiert,

[13]Dieses Akronym setzt sich aus den Anfangsbuchstaben von **A**nforderungen, **B**edingungen, **E**rwartungen, **R**estriktionen zusammen.

siehe [19], [20], [21].

Literatur

[1] Hans-Jochen Rindfleisch, Rainer Thiel. Erfinderschulen in der DDR. Eine Initiative zur Erschließung und Nutzung von technisch-ökonomischen Kreativitätspotentialen in der Industrieforschung. Rückblick und Ausblick. Berlin 1994.

[2] A.B. Seljuzki (Hrsg.). Правила игры без правил. (Regeln eines Spiels ohne Regeln). Petrozavodsk 1989.

[3] Slava Gerovitch. Perestroika of the History of Technology and Science in the USSR: Changes in the Discourse. Technology and Culture, Vol. 37, Nr. 1, S. 102-134.

[4] Justus Schollmeyer, Viesturs Tamuzs. Discovery on purpose? Toward the unification of Paradigm Theory and the Theory of Inventive Problem Solving (TRIZ). In Denis Cavallucci, Robert De Guio, Sebastian Koziołek (eds.). Automated Invention for Smart Industries. Proceedings of the TFC 2018. Heidelberg 2018.

[5] Simon Litvin, Vladimir Petrov, Michail Rubin, Victor Fey. TRIZ Body of Knowledge. Herausgegeben von MATRIZ, Altshuller Institute und ETRIA. 2012.

[6] Wolfgang Leonhard. Die Revolution entläßt ihre Kinder. Köln 1955.

[7] Hermann Hesse. Siddhartha. Berlin 1922.

[8] Michael Herrlich. Die Geschichte der Erfinderschulen von ihren ersten Anfängen bis zu ihrem heutigen Fortbestehen in der Erfinderakademie. Material der 23. LIFIS-Konferenz „Systematisches Erfinden“. Lichtenwalde 2016.

[9] Johannes Müller. Grundlagen der Systematischen Heuristik. Berlin 1970.

[10] Genrich S. Altschuller. Erfinden – (k)ein Problem. Berlin 1973.

[11] Rainer Thiel. Neugier – Liebe – Revolution. Berlin 2010.

[12] Gerhard Barkleit. Mikroelektronik in der DDR. Dresden 2000.

[13] Genrich S. Altschuller, A.B. Seljuzki. Flügel für Ikarus. Über die moderne Technik des Erfindens. Leipzig 1983.

[14] Genrich S. Altschuller. Erfinden – Wege zur Lösung technischer Probleme. Berlin 1984.

[15] Rainer Thiel. Erfinderschulen – Problemlöse-Workshops. Projekt und Praxis. LIFIS-Online, 2016.
DOI `10.14625/thiel_20160703`. Reprint in diesem Band.

[16] Genrich S. Altschuller. Алгоритм решения изобретательских задач АРИЗ-85-В. (Der Algorithmus ARIZ-85C zur Lösung erfinderischer Probleme). In [2:11-50].

[17] Hansjürgen Linde. Gesetzmäßigkeiten, methodische Mittel und Strategien zur Bestimmung von Erfindungsaufgaben mit erfinderischer Zielstellung. Dissertation, TU Dresden 1988.

[18] Hansjürgen Linde, Bernd Hill. Erfolgreich erfinden. Darmstadt 1993.

[19] Dietmar Zobel, Rainer Hartmann. Erfindungsmuster. Renningen 2009.

[20] Dietmar Zobel. Systematisches Erfinden. Renningen 2009.

[21] Dietmar Zobel. TRIZ für alle. Renningen 2012.

Erfinderschulen – Problemlöse-Workshops. Projekt und Praxis

Rainer Thiel, Storkow

Das Projekt

Das Projekt entstand in der DDR: Ein bis zwei Dutzend Ingenieure aus einem Industrie-Betrieb versammeln sich zwei Mal je eine Woche in einem betriebseigenen Heim, um Methodik des erfinderischen Problemlösens kennenzulernen und ein bis drei Probleme des Betriebes erfinderisch zu lösen, in ein bis drei Gruppen Gemeinschaftsarbeit. In der ersten Woche werden ca. 12 Stunden Vorträge geboten. In ca. 40 Stunden Teamwork wird ein Problem exponiert und ein Lösungsansatz geschaffen. Die Moderation je einer Gruppe – idealerweise je 7 Teilnehmer – wird von einem erfahrenen Erfinder geleistet, er wirkt als Methodiker und Trainer. In den nachfolgenden Wochen wird im Betrieb das Patentstudium vertieft, es werden Berechnungen und Handversuche, auch Laborversuche angestellt. Schließlich folgt eine zweite Woche im Internat des Betriebes, um Patentanmeldungen fertigzustellen und den Start zur Nullserie einzuleiten.

Den Teilnehmern wurde ab 1983 ein eigens entwickeltes methodisches Hand-Material – ein kleines Buch – zur Verfügung gestellt. Autoren: Michael Herrlich und andere. 1988/89 war das Material erheblich weiterentwickelt und stand nun in zwei kleinen Büchern zur Verfügung, beide sehr anspruchsvoll. Autoren: Hans-Jochen Rindfleisch und Rainer Thiel. Herausgeber dieser drei Bücher im Eigenverlag und oft auch Träger von Erfinderschulen war der Ingenieur-Verband „Kammer der Technik“ KdT.

In der DDR gab es zwischen 1981 und 1990 ca. 300 Erfinderschulen mit ca. 7000 Teilnehmern. Leitbild der Durchführung der Erfinderschulen war das Projekt nach dem Stand von 1983. Dabei fand die erfindungsmethodische Literatur von G. S. Altshuller zunehmend Beachtung. Vor allem in Berlin entstanden von der anzustrebenden Methodik wesentlich weiter führende Vorstellungen. Sie fanden gedruckten Ausdruck in den beiden Materialien von 1988/89. Deren Verbreitung litt aber schon unter den Verfalls-Erscheinungen der DDR.

Nicht immer kam es wie vorgesehen zu einer zweiten Erfinderschulwoche. Es darf geschätzt werden, dass trotzdem 600 Patentanmeldungen und 1000 praxiswirksame Problem-Lösungen erzielt wurden. Da 1990 das Entwicklungspotential der Betriebe liquidiert, das Ingenieur-Personal auf 15 Prozent reduziert und zu 85 Prozent in alle Winde zerstreut wurde, kam der Bildungseffekt der Erfinderschulen vor allem westdeutschen Unternehmen zugute, kann aber nicht konkreter beurteilt werden. Im Osten fanden Erfinderschulen nur noch sehr wenige statt.

Die Möglichkeiten, das Projekt in der Bundesrepublik fortzusetzen, wurden sehr zwiespältig beurteilt. Der Vorstandsvorsitzende der Deutschen Aktionsgemeinschaft Bildung – Erfindung – Innovation (DABEI, Sitz in Bonn) äußerte noch zu Zeiten der DDR zu Erfinderschul-Trainern: „Sie haben Erfinderschulen gemacht. Das ist Silbernes, das die DDR einbringt in die Einheit. Schreiben Sie Ihre Erfahrungen auf!“ Das geschah mit 16 Einzelbeiträgen von Trainern und mit einer ausführlichen Gesamt-Darstellung (88 Druckseiten) von Hans-Jochen Rindfleisch und Rainer Thiel. Der Druck 1993 wurde finanziert aus Mitteln eines Benefiz-Konzerts, das der Präsident des Deutschen Patentamts München mit dem Liebhaber-Orchester München der deutschen Patent-Behörden arrangiert hatte. Als schließlich das fertige Buch auch im Bundesministerium für Bildung und Wissenschaft präsentiert wurde, empfahl dort ein Abteilungsleiter: „Machen Sie doch eine solche Edition auch für uns. Wir können das mit Fördermitteln unterstützen." So ist es dann auch geschehen. Zahlreiche Manuskripte einzelner Trainer benutzend verfassten Rindfleisch und Thiel eine Gesamtdarstellung, die auch akademischen Maßstäben gerecht wird: „Erfinderschulen in der DDR. Eine Initiative zur Erschließung von technisch-ökonomischen Kreativitätspotentialen in der Industrieforschung". (127 Druckseiten, trafo verlag Berlin 1994).

Dazu im Gegensatz befand der deutsche Ingenieurverband VDI (Sitz in Düsseldorf), Erfinderschulen wie in der DDR könne es in der Bundesrepublik nicht geben. Auch kam es nach 1990 mehrmals zu freundschaftlichen Treffen mit Sprechern von Erfinder-Verbänden der BRD und Westberlins. Leider konnte ein gemeinsames Konzept nicht gefunden werden: Projekt und Methodik „Erfinderschule" entsprachen nicht ihren Vorstellungen. Höchst bedeutsam war aber das Projekt „Widerspruchsorientierte Innovations-Strategie" von Hansjürgen Linde, begründet in Gotha (Thüringen) und mit großem Erfolg fortgesetzt im neuen Standort Coburg in Bayern. Darüber wird weiter unten noch zu berichten sein.

Antriebe zur Entstehung der Erfinderschulen in der DDR

a) Ab 1961 – nach dem sog. Mauerbau – entstand in der DDR eine wissenschaftlich-technische Aufbruchstimmung. Berühmt wurde Dr. rer. nat. Werner Gilde, Direktor des Instituts für Schweißtechnik in Halle. Unter dem Namen „Ideenkonferenz" machte er das Brainstorming bekannt, begleitet mit seinem eigenen Ausspruch „Geht nicht gibt's nicht." In Leipzig regte sich der vielfache Erfinder Dipl.-

Ing. Michael Herrlich, Schöpfer von Spezial-Maschinen und -Anlagen im Kombinat Süß- und Dauerbackwaren, ausgezeichnet mit dem staatlichen Titel „Verdienter Erfinder". Für Ideenkonferenzen sammelte er Sprecher (Initiatoren) aus dem ganzen Land, vor allem Ingenieure und einige Psychologen. Sie nutzten auch Bezirks-Verbände der KdT. Mit deren Hilfe wurden sie in Industriebetrieben wirksam. Herrlich schuf auch Grundlagen zu ihrer aller Kommunikation und für ihre Sammlung in halbjährlich stattfindenden Wochenend-Treffen sowie beim Präsidium der KdT. Zum ersten Workshop namens „Erfinderschule" kam es dank Herrlich 1980: Eine Woche lang mit Teilnehmern aus dem ganzen Land, bestückt mit Vorträgen und Ideen-Konferenzen.

b) Herausragender Einzelkämpfer war Karl Speicher, Maschinenbau-Ingenieur im Dampf-Turbinen-Hersteller VEB Bergmann-Borsig Berlin-Pankow, ein staatlich ausgezeichneter Verdienter Erfinder mit 70 größtenteils realisierten Patenten zur Sicherheits-Steuerung von Turbinen, die seinerzeit den sowjetischen Problem-Lösungen überlegen waren. Karl Speicher (geb. 1925) hatte die Entstehung seiner Erfindungen protokolliert und versuchte, das Hochschul-Ministerium zu gewinnen, um in studentischen Workshops Erfinder heranzubilden. Dort sollten Verdiente Erfinder „vormachen, wie sie es selber gemacht hatten", und sie sollten Studenten zu eigenen Entwürfen anregen, die vom gestandenen Erfinder kritisch gefördert werden wie andernorts Musik-Studenten als Meisterschüler durch den gestandenen Meister. Gegenüber dem Ministerium konnte sich Karl Speicher nicht durchsetzen. Doch dank seiner genialen Erfindungen und seines fortgeschrittenen Alters wirkte er als Nestor der Erfinderschul-Bewegung.

c) Im Jahre 1973 wurde in der DDR Genrich Saulowitsch Altschuller (Baku und Moskau) bekannt mit seinem grundlegenden Werk „Algoritm isobretenija“, 1969 im Verlag „Moskauer Arbeiter“ erschienen. Die deutsche Übersetzung (310 Seiten) erschien 1973 unter dem Titel „Erfinden (k)ein Problem?“ im Verlag des Gewerkschafts-Bundes der DDR. Initiator und Übersetzer war der Außenseiter Kurt Willimczik, Germanist, tätig im Informations-Institut eines Industriezweiges. Rainer Thiel fand eine Information darüber in einer Zeitschrift und machte ab 1974 das Buch in Kreisen von Michael Herrlich und von Konstruktions-Methodikern bekannt, also im Vorfeld der Erfinderschulen. Thiel war begeistert, dass Altschuller an das Prinzip des dialektischen Widerspruchs anknüpfte als rotem Faden der Definition und der vorsätzlichen Lösung technischer Probleme. Im Zentrum steht eine Matrix mit 32 Zeilen und 32 Spalten, welche durch je einen technisch-ökonomischen Parameter definiert werden. Diese Parameter geraten in Konflikt zueinander, falls ihre Werte über den Stand der Technik hinaus erhöht werden. In die Matrix-Felder trug Altschuller jeweils passende Lösungs-Vorschläge ein, genauer gesagt deren Nummern aus seiner Liste „Die 35 bzw. 40 Prinzipe zur Lösung technischer Widersprüche“. Zum Beispiel hieß Prinzip Nr. 22 „Umwandlung des Schädlichen in Nützliches“, Prinzip Nr. 23 hieß „Überlagerung einer schädlichen Erscheinung mit einer anderen“. In den nachfolgenden Jahren wurde dieser Ansatz von Altschuller in mehreren Büchern weiterentwickelt und ergänzt. Bemerkenswert ist vor allem seine „WePol“ („Stoff-Feld“) Analyse.

d) In der DDR fiel Altschullers Werk mitten hinein in die forcierte Verbreitung ingenieur-methodischer Denkmittel: Die Konstruktions-Methodik von Friedrich Hansen und anderen, bekannt vor allem im Maschinenbau, und die „Systematische Heuristik“ von Johannes Müller und Peter Koch. Letztere zielte vor allem auf die Systematisierung der Ingenieur-Arbeit mit Blick auf die bevorstehende Computer-Nutzung durch Ingenieure. Das war auch den Freunden des Projekts willkommen, das bald zur Entwicklung der Erfinderschulen führen sollte. Von der politischen Führung der DDR wurde die Systematische Heuristik als General-Instrument zur Erzielung höchster Effektivität der Ingenieur-Arbeit empfunden und eindringlichst empfohlen bis zur Entstehung von Widerwillen bei gestandenen Hochschul-Absolventen. Durch die Werke von Altschuller entstand jedoch eine neue Lage: Kritikwürdig erschien zwar nicht die methodische Rationalisierung der Ingenieur-Arbeit, wohl aber der Mangel an deren Orientierung auf widerspruchslösende Erfindungen. Das wurde erstmals ausgesprochen in einer Denkschrift von Rainer Thiel, in der Deutschen Zeitschrift für Philosophie 3/1976: „Über einen Fortschritt in der Aufklärung schöpferischer Denkprozesse“. Thiel war damals im zentralen Institut für Hochschulbildung Forschungsgruppenleiter für wissenschaftstheoretische Grundlagen der Hochschulbildung. Aus freien Stücken publizierte er 1977 einen Forschungsbericht und arrangierte ein Kolloquium „Methodologie und Schöpfertum“. Dort kam es auch zum Zusammenprall mit Führungskräften der Systematischen Heuristik. Letztere bemerkten zwei Jahre später, dass Thiel nicht auf Befehl des Ministers für Hochschulbildung gehandelt hatte, sondern aus freien Stücken. Neunzehn von neunzig Teilnehmern reichten ihre Beiträge nachträglich in Schrift-Form ein. Das Protokoll wurde veröffentlicht (170 Seiten).

Die ersten Erfinderschulen

Etwa 1980 hatte Michael Herrlich dem Präsidium der KdT hinreichend Mut eingeflößt, zur ersten (symbolischen) Erfinderschule zu rufen. Wenige Monate später gelang im Bezirksverband Berlin der KdT die erste Erfinderschule, unterstützt vom Direktor für Forschung und Entwicklung (F/E) der Berliner Werkzeugmaschinenfabrik Marzahn, einem Hersteller von Innenrund-Schleifmaschinen für Wälzlager-Ringe in großen Stückzahlen für den Export in die Sowjetunion: Die Rotationsgeschwindigkeit der Schleifkörper war rasant gesteigert worden, die Schleifkörper wurden rasant verschlissen, die Maschinen mussten zum Schleifkörperwechsel immer rascher angehalten werden. Die Entwicklung hatte zu einem eklatanten Widerspruch geführt. Die Erfinderschulwoche wurde geleitet von Dr.-Ing. Hans-Jochen Rindfleisch, Verdienter Erfinder in einem Betrieb der Elektro-Industrie. Rindfleisch wurde zur Ausübung der Funktion als Methodiker und Trainer eine Woche lang freigestellt durch seinen Chef in dem ganz anderen Industrie-Zweig, so, wie das bald immer wieder geschehen sollte und auch anderen Trainern in der DDR widerfuhr: Betrieb A stellt seinen Erfinder dem Betrieb B in einem anderen Industrie-Zweig für eine oder zwei Wochen zur Verfügung.

Im Bezirksverband Berlin der KdT war der Nicht-Ingenieur Rainer Thiel von Ingenieuren und Psychologen gegen seinen Willen zum Vorsitzenden der Arbeitsgruppe „Erfindertätigkeit und Schöpfertum“ gewählt worden. Funktionen zu übernehmen, mit denen hohe Erwartungen verbunden sind, war in der Regel nicht begehrt. Nun aber besuchten Mitglieder der Gruppe auch Ingenieur-Gruppen in verschiedensten Betrieben. Dabei werden Rindfleisch und Thiel miteinander bekannt: Der Moderator und Trainer für die erste Berliner Erfinderschule ist gefunden! Rindfleisch leitet die Problemlöse-Gruppe für das Schleifkörperproblem. Er ist weniger Pädagoge denn Analytiker und konstruktiver Problem-Löser. Ein Teil der Teilnehmer bleibt passiv, drei Teilnehmer sind von seinen Lösungsschritten begeistert. Die Lösung heißt „Fliegender Schleifkörperwechsel“ und wird auch vom Direktor für Forschung und Entwicklung begrüßt. Leider verlor sich der Weg zum devisenbringenden Endergebnis im Dschungel der Führung des Industrie-Zweigs.

Doch das intellektuelle Ergebnis ermutigte Rindfleisch und Thiel, in Berlin Erfinderschulen zu arrangieren. Thiel antichambrierte in Betriebsleitungen verschiedener Industrie-Zweige, zunehmend Interesse von Direktoren erfahrend. Und Rindfleisch als Trainer entwickelte – von Thiel assistiert – die Methode des Herausarbeitens und Lösens von Erfindungsaufgaben. Die Achtung auch von Direktoren für die Erfinderschulen wuchs. Schon nach der 3. Berliner Erfinderschule sagte ein Direktor vor allen Teilnehmern, an Rindfleisch gewandt: „Dass wir unser Problem so angehen müssen, wie Sie es uns gezeigt haben, hätten wir uns vor drei Wochen noch nicht vorstellen können. Dass Sie es uns zeigen konnten, verdanken Sie Ihrer Methode."

In Berlin verliefen an die 30 Erfinderschulen erfolgreich, die von Rindfleisch moderiert wurden. Ähnlich blieb ihnen das ökonomisch entscheidende Endergebnis versagt, zum Beispiel so: Nach einer Erfinderschulwoche war in einem holzverarbeitenden Betrieb das erfinderisch konzipierte Modell einer Klapp-Couch von einem Abteilungsleiter eigenhändig gebaut worden. Das Modell wurde in einer Betriebs-Ausstellung vorgeführt. Da wird begeistert gerufen: „Das müssen wir gleich unseren westdeutschen Einkäufern vorführen. Das bringt uns Millionen von Devisen." Da ertönt der Gegenruf: „Vorsicht, Kunde droht mit Einkauf."

Wieso denn das? Die neue Produktlösung hätte die Bereitstellung von Presswerkzeugen im Wert von 50 000 Mark erforderlich gemacht, also Peanuts. Unser Ehrgeiz war, durchgreifende Lösungen zu entwickeln, die mit Peanuts realisierbar sind. Das gelang auch, denn Rindfleischs Methodik ist gerade dafür konzipiert: Lösung mit Aufwand nahe null. Doch in der DDR wurden Werkzeugmacher immer häufiger in der laufenden Produktion verschlissen. Deshalb fehlten sie im Werkzeugbau. Und eine Peanut aus dem Westen zu importieren war auch nicht einfach. Ähnliches Ergebnis auch in anderer

Weise: Für die Entschwefelung von Rauchgas in einem Heizkraftwerk wurde eine Lösung gefunden und patentiert: Einfach realisierbar und obendrein geeignet zur Herstellung eines Baustoffs. Der Direktor für Forschung und Entwicklung hält das Ergebnis für aussichtsreich, bereit auch, die Endlösung in seinem Kombinat zu erarbeiten. Doch er fügt hinzu: „Leider mussten wir die Zuständigkeit für die ganze Arbeitsrichtung abgeben ans Institut für Kraftwerke in Vetschau.“ Aber dort wird man sagen: „Nicht hier erfunden“ oder „not invented here“, NHE oder NIH, wir haben keine freien Kapazitäten, und Berlin ist weit weg.

Bekannt geworden ist, dass in den meisten Erfinderschulen von 8 bis 22 Uhr gearbeitet wurde, auch während der reichlich bemessenen Pausen. Oft wurden im Abendprogramm Vorträge von kreativen Mitbürgern verschiedenster Observanz geboten, oft auch von Sportlern, die über ihren Trainingseifer, über ihre ausgeklügelten Trainingsprogramme und Wettkampf-Methoden berichteten.

Beeindruckt waren die meisten Erfinderschul-Teilnehmer auch von der Lockerheit und Aufgeschlossenheit, mit der ernsthafteste Arbeit geleistet wurde. Sie berichteten vor ihren Chefs: So müsste das auch im laufenden Betrieb geschehen. Mangelhaft blieb aber noch lange die Vorbereitung der Teilnehmer: Sie sollten Informationen über Probleme mitbringen, die in ihren Betrieben zu lösen waren, über Anforderungen von Kunden, über Zulieferer-Engpässe und über Patentrecherchen. In den Berliner Erfinderschulen, die prinzipiell der Lösung betrieblicher Probleme galten, wurden stets mehrere Stunden aufgewendet, um durch Befragung von Teilnehmern Informationslücken zu reduzieren. Meist blieben Lücken, die spekulativ zu überbrücken waren.

Von Rindfleisch und Thiel genau wie von allen Erfinderschul-Aktivisten wurde die einschlägige Arbeit (abgesehen von der Freistellung für jeweils eine Woche Erfinderschule) ehrenamtlich ausgeübt. Für je eine Stunde Vortrag wurden vom veranstaltenden Betrieb allenfalls 25 Mark Honorar gezahlt. Selbstverständlich war es unter diesen Umständen nicht möglich, das Schicksal der gefundenen, meist auch patentierten Lösungen bis zum möglichen Endprodukt zu verfolgen. Die nachträglich angefertigten Berichte verschiedener Erfinderschul-Aktivisten sind leider meist sehr allgemein gehalten. Zu erwarten sind heute nur noch gründlichere Ausarbeitungen von Michael Herrlich: Kein anderer Aktivist hat so viele Erfinderschulen gemanagt und moderiert wie dieser hoch-engagierte Erfinder. Leider hatte auch Herrlich nach der Wende 1989/90 aufs Härteste um seinen Lebensunterhalt zu ringen, ohne auch nur einen einzigen Tag der Freiheit, um seine Erfinderschul-Arbeit nachvollziehbar zu dokumentieren. Ähnlich erging es Rindfleisch. Thiel wurde bald von ganz anderen Problemen in Anspruch genommen.

Altschuller, Berliner Erfinderschulmethodik und Systematische Heuristik

Altschuller erreichte um 1980 das Maximum seiner Produktivität. Er publizierte ein Buch nach dem anderen und erweckte Neugier, noch mehr aus seiner Werkstatt zu erfahren. Willimczik brachte in deutscher Übersetzung 1983 im Urania-Verlag heraus „Flügel für Ikarus. Über die moderne Technik des Erfindens“, gemeinsam mit A. Seljuzki. Thiel und seine Frau übersetzten „Tvortschestvo kak totschnaja nauka“ – „Schöpfertum als exakte Wissenschaft“ – deutscher Titel „Erfinden – Wege zur Lösung technischer Probleme“. 1986 erschien bereits die zweite Auflage. Die erste Auflage 1984 musste hart erstritten werden: Der führende Technik-Verlag stand unter dem Einfluss von Hochschulprofessoren, auch der Systematischen Heuristik, und wollte nicht. Thiel erstritt sich die Fürsprache des Kultur-Ministers für eine Anhörung vor 10 Chefs von 10 Verlagen. Dort stritt Thiel drei Stunden lang. Endlich meinte der Chef des führenden „Verlag Technik“: „Genosse Thiel, Sie haben engagiert gekämpft. Wir machen das Buch!“ Im Jahre 1998 wurde die 3. Auflage von Prof. Möhrle (Kaiserslautern und TU Cottbus, Lehrstuhl für Planung und Innovationsmanagement) herausgegeben.

Altschuller hatte oft aus Patentschriften zitiert. Das waren total redundanzfreie Texte, deshalb nur schwer übersetzbar. Da mussten Experten helfen, doch was die Experten vorschlugen, war nicht mit dem russischen Original-Text vereinbar. Also erneuter Start zur Übersetzung.

Der Inhalt dieses Buches war eine Weiterentwicklung von „Erfinden (k)ein Problem“, völlig neu war die Stoff-Feld-Analyse, ein Verfahren, die Funktions-Komponenten technischer Gebilde zu Zwecken der Analyse und Problemlösung unter Nutzung graphischer Mittel darzustellen, zu erfinderischen Zwecken leicht zu handhaben. Solche Handhabung erfolgte ständig auch im Kopfe Rindfleischs und war ein Kompass seiner verbalen Vorschläge.

Mit Altschuller war von Thiel inzwischen auch Dietmar Zobel bekannt gemacht worden: der eigenständige, literarisch hochkultivierte und anstiftende Verdiente Erfinder, Leiter der Phosphor-Produktion im VEB Stickstoffwerk Piesteritz bei Wittenberg. Genuss zu lesen war sein Buch mit dem allzu bescheidenen Titel „Erfinderfibel – Systematisches Erfinden für Praktiker“, Verlag der Wissenschaften 1985, Lust aufs Erfinden erzeugend. Wir wurden Freunde. Zobel erkannte sehr schnell die Bedeutung Altschullers und zelebrierte auch in Berlin eine Erfinderschule mit pädagogischem Geschick. Leider fiel es ihm als habilitiertem Chemiker nicht leicht, die von Hans-Jochen Rindfleisch – dem primär theoretischen Elektrotechniker – geprägte Berliner Methodik zu adaptieren.

In den achtziger Jahren entwickelte Hans-Jochen Rindfleisch seine methodischen Vorstellungen. Altschullers Widerspruchsgedanke wurde erst jetzt in aller Konsequenz expliziert. Nach Altschuller wird der Widerspruch in der Technik vom erfinderisch aufgelegten Ingenieur einfach nur angetroffen wie ein statisches Verhältnis, anhand der erwähnten Matrix technisch-inhaltlich klassifiziert und vermittels der erwähnten Matrix-Felder mit höffigen Lösungsprinzipien ausstaffiert. Rindfleisch dagegen ist der konsequentere Dialektiker, in dreierlei Bezug:

a) In Betracht gezogen wird von Rindfleisch zunächst einmal der längerfristige technisch-ökonomische Entwicklungsprozess: die gesellschaftlichen Bedürfnisse, die ihn vorangetrieben oder ihn entbehrt haben, und die technischen Potenzen, die ihm zufolge geschaffen wurden. Auf diese Weise entsteht das Analogon einer Landkarte, auf der sich der erfinden wollende, zum Erfinden gezwungene Ingenieur bewegt, bis er bei der Situation anlangt, in der sich aktuell sein Betrieb zurechtfinden muss: Welchen gesellschaftlichen Bedürfnissen muss er sich aktuell stellen? Und welchem Stand der internationalen Technik muss er sich stellen? Dazu muss der Erfinderschul-Teilnehmer Informationen aus seinem Betrieb mitbringen und auch zu Patentrecherchen bereit sein. Also Vorsicht vor plötzlichen Einfällen, das Brainstorming wird lediglich zur Belustigung gewohnheitsgeprägter Ingenieur-Bürokraten genutzt! In der Erfinderschule nach Rindfleisch wird – am Vormittag nach dem Brainstorming – das *inverse Brainstorming* praktiziert, gemäß der Entwicklungs-Dialektik: Auszusprechen ist, was den schnellen plötzlichen Ideen entgegensteht. Im Gegensatz zum Brainstorming als einer reinen Lockerungsübung gingen wir davon aus, dass der beste Weg zur erfinderischen Problemlösung die gründliche Analyse des Problems ist. Dazu publizierte Thiel 1989 eine Sammlung von Zitaten berühmter

Forscher wie zum Beispiel Heisenberg: „Die richtige Fragestellung ist oft mehr als der halbe Weg zum Erfolg."

b) In dieser Phase wird eine Matrix zum Ordnen der anzustrebenden Gedanken genutzt: Was sind die **A**nforderungen, die **B**edingungen für Herstellung und Gebrauch, die **E**rwartungen, die über aktuelle Anforderungen hinausgehen, und die **R**estriktionen, die total über die Bedingungen hinausgehen (z.B. die Verkehrssicherheit)? Die sogenannten **ABER**. Diese definieren die Zeileneingänge einer Matrix. In dem Bestreben, das vorläufig noch abstrakte „Sollen" noch stärker mit der Ingenieurerfahrung assoziierbar zu machen, schlug Rindfleisch ein weiteres Quadrupel von Assoziations-Anregern vor, sogenannte *Zielgrößen*: Diese werden nun als die Spalteneingänge der im Entstehen befindlichen Matrix definiert: Die Zweckmäßigkeit, die Wirtschaftlichkeit, die Beherrschbarkeit und die Steuerbarkeit des Produktes oder Verfahrens, dessen Konzept gefunden werden soll.

	Zweck-mäßigkeit	Wirtschaft-lichkeit	Beherrsch-barkeit	Brauch-barkeit
Anfor-derungen				
Bedin-gungen				
Erwar-tungen				
Restrik-tionen				

Die ABER-Matrix

Beide Quadrupel konstituieren eine Matrix, die mit ihren definierten Zeilen- und Spalteneingängen dem Betrachter zuruft: Sei unzufrieden mit Deinen noch diffusen Vorstellung des Problems, mit dem Du konfrontiert bist, und fülle die Felder der folgenden Matrix aus mit konkreten Angaben relevanter Parameter und wünschenswerter Entwicklung ihrer Werte: Es ist entscheidend, die wesentlichen Parameter durch Analyse von technisch-ökonomischen Belangen zu finden, sodann durch kräftige, extensive Parametervariation über das Vorgefundene (und damit über Altschuller hinausgehend) überhaupt erst Widersprüche gedanklich vorwegzunehmen (diese zu antizipieren) und analysierbar zu machen. Deshalb also die ($4 \times 4 = 16$)-Felder-Matrix mit den ABER und den Zielgrößenkomponenten. So findet der Ingenieur selbstständig zur Analyse von vorwegzunehmenden Widersprüchen im technisch-ökonomischen Denkfeld. Der Ingenieur gewinnt an Zielklarheit und an Lust, kreativ zu werden. So gewannen wir einen Assoziations-Generator für den Ingenieur, um dessen Erfahrungen zu aktivieren für gründliche Recherche der Bedürfnisse von Nutzer und Hersteller, Kunde und Fabrikant, und um den Ingenieur zu motivieren, weiteres Material aus Literatur und Nachbar-Abteilungen seines Betriebes zu beschaffen. Dass die Zeilen- und die Spalten-Inhalte sich redundant überdecken können, stört nicht. Es geht darum, die Assoziation möglichst stark anzuregen und Widersprüche sichtbar zu machen, sogar zu provozieren.

Ende der achtziger Jahre haben wir – zumindest in Berlin – diese Matrix in Erfindeworkshops konsequent angewandt. Das erste Ergebnis war verblüffend. Beim Ausfüllen der Felder, mit denen fixiert wird, was alles *gleichzeitig* erreicht werden soll, bricht immer ein Ingenieur aus in den Ruf: „Da kommen wir ja in Widersprüche.“ Unsere Antwort: „Gerade das sollen Sie ja! Jetzt sollen Sie Ihrer Phantasie keine Zügel anlegen, jetzt – mit dieser Matrix vor Augen – sollen Sie kühn und frech sein!“ Und manchmal fügten wir hinzu: „Mit Ihrem Ausruf ‚da kommen wir ja in Widersprüche' zeigen Sie, dass etwas gefehlt hat in Ihrer Ausbildung. Sie sind von ihren Professoren in die Irre geführt worden." Die Denkarbeit, die zu dieser matrix-förmigen Tabelle führte, hatte – über Altschuller hinausgehend – 1980 begonnen mit dem Vorschlag zu einer Notierungsweise technisch-ökonomischer Widersprüche, die auch zitiert wurde in dem ersten Erfinderschule-Lehrmaterial, das von Michael Herrlich verfasst worden war. Die weitere Ausgestaltung hat fünf Jahre in Anspruch genommen. Damit waren Rindfleisch und Thiel zum zweiten Mal zur Dialektik aller Entwicklung vorgedrungen und zum ersten Mal über das Widerspruchskonzept von Altschuller hinausgegangen.

c) Freude hatte ursprünglich ausgelöst, dass Altschuller in seine Tabellenfelder – von ihm als fest vorgegeben – sogleich auch die von ihm als relevant angenommenen Lösungsverfahren eingetragen hatte. (Den Nachweis ihrer Multivalenz empfanden wir als schwach.) Gewiss kann die Kurzerhand-Zuordnung von Standard-Lösungsverfahren für manchen Nutzer Anregung bieten. Wir meinen aber auch heute noch, dass manchem Nutzer Zweifel kommen, ob Lösungen immer auf diese Weise gefunden werden können. Das war uns auch Grund, die Lösungsverfahren aus der Altschuller-Tabelle herauszulösen, um sie zu einem späteren Zeitpunkt des schöpferischen (kreativen) Prozesses effektiver ins Spiel bringen zu können. Es nützt nichts, sie zu früh anwenden zu wollen, wenn das Problem noch gar nicht hinreichend bestimmt ist, ebenso wenig wie beim Brainstorming.

Wir suchten und fanden aber einen dritten Anlass, die Dialektik aller Entwicklung in der Methodik des Erfindens geltend zu machen: Die Bewertung der von Altschuller vorgeschlagenen vierzig

Lösungsprinzipe. Wir verwerfen sie nicht. Doch in ihrer Relevanz für die Ausprägung einer erfinderischen Denkweise und Effektivität unterscheiden sie sich in grundlegende und allzu spezielle. Grundlegend sind Prinzip Nr. 22 „Umwandlung des Schädlichen in Nützliches“ und Prinzip Nr. 23 „Überlagerung einer schädlichen Erscheinung mit einer anderen“. Das kann auch geschehen durch Spaltung des Einheitlichen in entgegengesetzte Komponenten, die sich – zum Beispiel bei thermisch bewirkten Längenänderungen – gegenseitig kompensieren. Das hatte Karl Duncker erkannt, als er das Beispiel „Uhrenpendel“ als den entscheidenden „Witz“ einer erfinderischen Lösung rühmte und in seinem Testprogramm für erfinderische, gleichwohl auch erlernbare Fähigkeiten explizierte. Einige von unseren Erfinderschul-Begründern und Verdienten Erfinder, Autoren erfolgreich angewandter Patente hatten diese dialektischen Prinzipe intuitiv angewandt, ohne von Altschuller oder Duncker gewusst zu haben.

Fünfzig Jahre nach Duncker wurde von Thiel bei der Weiterbildung von Patentingenieuren und Funktionären der Neuererbewegung mit eben der Dunckerschen Pendel-Aufgabe getestet. Dabei wurde festgestellt, dass fast alle Ingenieure kolossale, komplizierte, kostspielige, sogar wirkungslose Anlagen vorschlugen, statt innerhalb von fünf Minuten konzentrierten Nachdenkens die geniale dialektische Lösung der Längen-Regulierung des Pendels aus ihrem eigenen Kopf herauszuholen. Auch von Michael Herrlich wurden solche Lösungen hoch geschätzt als „raffiniert einfache Lösungen“: Das technische Objekt wird so konzipiert, dass es die erwünschte Funktion selbsttätig ausführt.

Das Prinzip hatte Thiel schon als Kind erspürt bei seinem Versuch, die Wirkungsweise des Toiletten-Spülkastens zu verstehen. Doch im Physik-Unterricht der Schulen werden solche Probleme nicht behandelt. Ersatzweise wurde von Thiel auch das Beispiel

„Gierfähre“ ins Gespräch gebracht. Ersatzweise wurde von ihm auch eine Kollektion von Schul-Beispielen konstruiert, indem er die vermutliche Entwicklungsgeschichte des Schiffsankers spekulativ rekonstruierte. (Siehe „Erfindungsmethodische Grundlagen“, Material für Lehrkräfte, KdT 1988, Abschnitt 1.9).

Später wurde von Prof. Klaus Stanke (Dresden) der Fall folgender Problemlösung bekannt gemacht: Es stehen 6 Streichhölzer zur Verfügung, um vier Dreiecke zu bilden. Unmöglich, sagt der Ingenieur. Da wird von Stanke empfohlen: Nimm 3 Streichhölzer, um in der Ebene ein Dreieck zu bilden. Dann hast Du noch drei Streichhölzer und gehe in die nächsthöhere Dimension: Von jedem Eckpunkt in der Ebene strecke ein Streichholz in die dritte Dimension hoch und führe diese drei Streichhölzer in der nächsthöheren Dimension in einem Punkt mit den zwei anderen Streichhölzern zu einer gemeinsamen Spitze zusammen: Übergang in die nächsthöhere Dimension. Das muss nicht immer eine räumliche Dimension sein. Das Stichwort „nächsthöhere Dimension“ findet sich auch bei Altschuller als Lösungsprinzip 17, doch die dialektische Substanz wird dort nicht erkennbar, der Gedanke wird dort für den Ingenieur auch nicht nachvollziehbar.

Natürlich ist der „Übergang in die nächsthöhere Dimension“ nicht zwangsläufig lösungsträchtig. Doch dieser Begriff eröffnet willkommene Möglichkeiten, wenn die Prinzipe von Rindfleisch und Thiel als ein Übergang in die nächsthöhere Denk-Dimension aufgefasst und dabei als inhaltserfüllend (konkretisierend) verstanden werden. Und auch die Umkehrung ist möglich: Verstehe das Beharren (!) im Zustand – zum Beispiel der Ebene oder des primären Denkfeldes – als das Schädliche, wähle das konträre Gegenteil und lasse dieses mit dem Urzustand – zum Beispiel dem Dreieck in der Ebene oder der unerwünschten, thermisch bedingten Längenveränderung des Pendels – korrespondieren. Das ist interpretierbar als „Überlagerung einer schädlichen Erscheinung mit einer anderen schädlichen Erscheinung“ oder auch als Spaltung des Einheitlichen – des traditionellen Pendel-Stabes oder des Sets der 6 Streichhölzer – zu korrespondierenden Komponenten: des Dreiecks in der Ebene und seine Nutzung für Dreiecke im Raum.

Diese hervorhebenswerten Prinzipe anzuwenden ist selbst ein Übergang, nämlich der Übergang in eine höhere Denkebene: in die geradezu philosophische Denkebene. Für den denkaktiven Ingenieur reicht das oft schon, den konkreteren Rest für die Lösung der Erfindungsaufgabe zu finden. Diese wenigen, doch hervorhebenswerten Prinzipe lassen sich mit Beispielen illustrieren und vom Ingenieur sehr leicht *verinnerlichen*, sodass sie sein Denken bestimmen. Sie sind erfindungsgenetische Substanz, die im Kopf des Ingenieurs ihren Platz findet. Der Ingenieur wird sich daran gewöhnen, auch viele Resultate der erfolgreich gewordenen Technik der Vergangenheit als Ausdruck jener hervorhebenswerten Prinzipe zu erkennen. So kann er sein erfinderisches Vermögen – rein nebenbei, ohne nennenswerten Zeitaufwand – ständig trainieren. Er braucht dazu nicht die Liste aller 40 Prinzipe von Altschuller immer wieder durchzuchecken. Darauf ist auch von Dietmar Zobel hingewiesen worden.

Während die vorstehenden drei Dialektik-Muster a), b), c) von Rindfleisch und Thiel für weitere Kreise erkennbar wurden, bewegte sich auch die Systematische Heuristik in ihrer Wahrnehmung von Altschuller. Dieser Pionier wurde nun nicht mehr ignoriert, sondern auch empfohlen. Doch es war der Altschuller in jener Version, die wir unter a), b) und c) als methodisch und dialektisch unzureichend erkannt hatten. Vor allem die Forderung von Rindfleisch und Thiel, Parameter und Parameter-Werte bis zur Entstehung von Widersprüchen hochzutreiben, wurde von Experten der Systematischen

Heuristik und der Konstruktions-Systematik heftig angegriffen. Das fand ein Ende erst 1992. Dazu der nachfolgende Abschnitt.

Zuvor noch ein Blick auf das heuristische Programm, das sich aus den Erkenntnissen a), b) und c) ergab. Es wurde von Hans-Jochen Rindfleisch *ProHEAL* genannt: *Programm zum Herausarbeiten von Erfindungsaufgaben und Lösungsansätzen.* Damit wird die oben dargebotene Matrix – jenes erste Orientierungsmuster – konkretisiert.

Dieses Programm wurde von Jochen Rindfleisch (Mitwirkung Rainer Thiel) sogleich in drei Ausdrucksformen dargeboten:

- einem erzählenden Text in „Erfindungsmethodische Grundlagen“, KdT-Lehrmaterial 1988, Kapitel 1, Seite 11 bis 52,
- einer algorithmus-ähnlich dargebotenen Schrittfolge (in KdT-Erfinderschule Lehrbrief 2, KdT 1989, Seiten 4 bis 30, Kurzfassung einschließlich begrifflicher Erläuterungen Seiten 32–37. Zusätzlich ab Seite 53 Erläuterungen zu den Begriffen, die im ProHEAL verwendet werden) und
- graphischen Darstellungen der Struktur des ProHEAL. Diese sind im Bereich der vorgenannten Seitenangaben zu finden.

Nachdem Hans-Jochen Rindfleisch ProHEAL in dieser dreifachen Ausfertigung geschaffen hatte, tat er noch ein Übriges. Er versetzte sich selber in die Rolle eines Anwenders der dreifachen Ausfertigung von ProHEAL und schilderte, wie ihm ProHEAL dabei zustatten kam. (Lehrbrief 2 ab Seite 73) Und schließlich versetzte sich Rindfleisch in die Rolle anderer Personen, die ProHEAL in ihrem Betrieb anzuwenden gedenken. („Erfindungsmethodische Grundlagen“ ab Seite 78) Auf diese Weise entstehen in beiden Fällen Beleuchtungen des ProHEAL, in letzterem Fall mit dem Blick anderer Personen in verschiedenen Bereichen der Technik und in verschiedenen

Situationen, in denen geprüft wird mit Blick auf die ABER und die Zielgrößen-Komponenten: Sind Widerspruchslösungen erforderlich? Wie verfahren wir? Rindfleisch schildert ausführlich und hochkonzentriert vierzehn Beispiele aus verschiedenen Betrieben bzw. Erfinderschulen, auch von unseren Erfinderschul-Kollegen, bei denen Erfordernisse zu Widerspruchslösungen ausführlich exponiert und Lösungen schrittweise erarbeitet wurden. Dabei wurde nicht psychologisch spekuliert oder auf zufällige Einfälle gewartet, es wurde gründliche Gedankenarbeit geleistet. Hans-Jochen Rindfleisch war durch die harte Schule der theoretischen Elektrotechnik gegangen.

Alles, was Rindfleisch aufgezeichnet hat, ist gerade deshalb in einfachen, prägnanten, kurzen, perfekt geformten Sätzen ausgeführt, ohne überflüssige Floskeln, doch auch ohne Lücken in der Durchführung. So liest es sich gut. Von ebendieser Güte sind auch die Graphiken. Da war Hans-Jochen Rindfleisch achtundfünfzig Jahre alt. Thiel hatte schon zu dessen Manuskripten Korrektur gelesen und kaum je einen falschen Buchstaben gefunden. 26 Jahre später liest Thiel abermals, nun auch so, als hätte er im Auftrag eines Verlags strengste Korrektur zu lesen. Auch was Thiel im Jahre 2015 liest, enthält weniger Anlässe zu einer Korrektur als üblicherweise ein Buch nach seiner ersten Drucklegung. Vor allem erscheinen auch heute die von Rindfleisch aufgeschriebenen Gedanken als zwingend wie in einem ausgereiften Lehrbuch der Physik oder der Hochschul-Mathematik.

Ein Meister in der alltäglichen Kommunikation mit Kollegen war Jochen nicht. Seit 1994 hatte Thiel kaum noch Kontakte zu ihm. Einst fragte Thiel, ob wir unsere beiden Lehrbriefe erneut publizieren sollten, er sähe keine Anlässe zu Änderungen. Jochen antwortete, es gäbe schon einiges besser zu machen. 2013 verstarb er, im Alter von 78 Jahren. Nach dem Urnengang in Berlin-Köpenick bat ich seine Witwe, den Nachlass gut zu verwahren. Ich bin glücklich, der Freund eines klar denkenden und energiegeladenen Genies gewesen zu sein.

Zur Widerspruchsorientierten Innovations-Strategie WOIS von Hansjürgen Linde

Michael Herrlich versammelte jedes Jahr zu Pfingsten – zum Beispiel auf der Hohen Sonne im Anblick der Wartburg – die Kollegen der Erfinderschul-Szene. Thiel kam zufällig zu sitzen neben einem Hansjürgen Linde aus Gotha, Verdienter Erfinder und Abteilungsleiter im VEB „Rationalisierung der bezirksgeleiteten und Lebensmittel-Industrie“. Schnell war zu bemerken, dass Linde über seine Ingenieur-Arbeit sprechen konnte wie kein anderer außer Rindfleisch. Thiel schlug Linde vor, eine Forschungs-Aspirantur zu beantragen: In drei Jahren je 6 Wochen Freistellung von der Arbeit im Betrieb zwecks Arbeit an einer Dissertation für den Dr.-Ing. Wegen der ingenieur-methodischen Orientierung kam dafür nur die TU Dresden als Hochburg der Systematischen Heuristik und der Konstruktions-Systematik infrage. Linde kannte sich gut aus in dieser Thematik und war auch fähig, über die Entstehung seiner eigenen Patente druckreif zu berichten. Linde hospitierte zunächst in mehreren Erfinderschulen im Lande. Die Erfinderschulen von Rindfleisch gefallen ihm am besten. Es kommt zu Zusammenkünften mit Thiel, vorhandene Texte sowie Entwürfe für die künftige Dissertation werden besprochen. Linde hat auch sofort die Überschrift parat: „Widerspruchsorientierte Innovations-Strategie“. Die Worte „Erfindung“ und „Erfinderschule“ will er vermeiden, zu Recht, denn sie werden oft missbraucht. In einem deutsch-englischen Wörterbuch heißt es: „To invent – erfinden, lügen“. Besonders oft heißt es im Volksmund „Ausreden erfinden“.

Linde kommt schnell voran mit seiner Dissertation. Rindfleisch erkennt die Nähe zu unserem weit fortgeschrittenen ProHEAL und fühlt sich nicht wohl dabei. Thiel beschwichtigt und sagt: ProHEAL ist derart substantiell und neuartig, von uns auch noch nicht hinreichend publiziert, dass wir glücklich sein können: Es entsteht eine zweite Version von ProHEAL und mit vielen neuen Eigenschaften. Linde als Maschinenbauer erstrebt auch eine andere Darstellungsweise. Das muss uns willkommen sein. Wir können unsere Arbeit an Linde spiegeln, überprüfen, manches wird manchem auch leichter verständlich sein, und unsere Substanz wird durch Lindes Arbeit geprüft und auseinandergenommen, neu zusammengesetzt und voll bestätigt. Thiel wurde als dritter Betreuer und als dritter Gutachter von Lindes Dissertation von der zuständigen Fakultät akzeptiert. Im Februar 1988 wurde die Dissertation an der TU Dresden verteidigt. Titel der Dissertation: „Gesetzmäßigkeiten, methodische Mittel und Strategien zur Bestimmung von Entwicklungsaufgaben mit erfinderischer Zielstellung“. Also brauchte Thiel gar nicht von ProHEAL zu sprechen.

Lindes Aspirantur war problemlos genehmigt worden, vielleicht hatte auch eine Rolle gespielt, einen Verdienten Erfinder und Praktiker nunmehr zum engeren Kreis innerhalb der Fakultät zählen zu können. Erst kurz vor der Verteidigung schien man bemerkt zu haben, welches Problem diesem engeren Kreis mit Linde ins Haus geraten war: Dieselbe dialektische Substanz, die man jahrelang heftig angegriffen hatte. Und nun hatte sich Linde gegen unwürdige Angriffe zu verteidigen: Es wurde gerügt, dass Linde auf Fragen nicht nur mit „Ja“ oder „Nein“ antwortete, sondern mit konkreten und präzisen Erläuterungen, es wurde sogar gerügt, dass Linde seine visuellen Overheadprojektor-Darstellungen nicht auf die Größe des Raumes mit den unerwartet vielen Hörern eingestellt hatte. Nach ca. zwei Stunden zogen sich die Gutachter und der Vorsitzende der

Prüfungs-Kommission zur Beratung zurück. Man kam nicht umhin, die Dissertation anzuerkennen. Doch mit welcher Note? Wenn ich mich recht erinnere mit „cum laude“, vergleichbar der Drei in den Schulnoten. Thiel plädierte auf „Summa cum laude“, vergleichbar der Eins in den Schulnoten. Wenn ich mich recht erinnere, stand am Ende „magna cum laude“, vergleichbar der Zwei.

Anfang 1990 wechselte Linde von Gotha nach München zu BMW, um drohender Arbeitslosigkeit zu entgehen. Sehr schnell gelangen ihm Patent-Lösungen und Workshops mit seinen BMW-Kollegen. 1992 wurde Linde – ein Ossi! – als Professor an die Fachhochschule Coburg berufen. Dort entwickelte er seine Workshop-Arbeit unter dem Titel „Widerspruchsorientierte Innovations-Strategie“ und gründete neben dem staatlichen HS-Institut zusätzlich ein privates Institut. Seine Dissertation publizierte er 1993 beim Hoppenstedt-Verlag in Darmstadt, nun unter dem Titel „Erfolgreich erfinden. Widerspruchsorientierte Innovationsstrategie für Entwickler und Konstrukteure“, 314 großformatige Seiten, 154 Abbildungen und mit Ergänzungen von Bernd Hill (damals noch in Erfurt) aus bionischer Sicht. Lindes Workshops wurden zunehmend von vielen namhaften, meist auch großen Industrie-Unternehmen aus der ganzen Bundesrepublik geordert. Aller zwei Jahre veranstaltet Linde mehrtägige Konferenzen mit bis zu zweihundert Teilnehmern aus der Industrie und ausführlichen Dokumentationen. Im Verlaufe von Jahren gelang ihm der Aufbau eines Teams mit jungen Mitarbeitern. Sie müssen nun die Arbeit allein fortsetzen. Anno 2012 wurde Hansjürgen Linde von einem Krebsleiden dahingerafft.

Und was ist aus der akademischen Fachwelt zu vernehmen? Ein führender Kopf der Systematischen Heuristik und der Konstruktionslehre äußerte sich in der führenden Fachzeitschrift „Konstruktion“ Nr. 44 (1992) Seiten 57–63 unter dem Titel „Kreatives Problemlösen in der Konstruktion“ zunächst in allgemeinen Worten zum Thema. Schließlich gelingt ihm ein Set von Leitsätzen, überschrieben mit den Worten „Transformieren und Übertreiben von Problemen“. Natürlich hätte sich Linde prägnanter ausgedrückt, doch Lindes Kernaussagen schimmern für den Kundigen hindurch und werden nun auch in folgenden Regeln angedeutet: „Polarisieren durch Hervorheben innerer Gegensätze, z.B. echter Diskrepanzen in einem Sachverhalt, einander bedingende Widersprüche, scheinbar paradoxe Formulierungen ... Vorstellen der idealen Lösung des Problems, Einführen extremer Bedingungen, ... Zuspitzen des Problems durch extreme Formulierungen, die z.B. ... extreme Anforderungen an das Ergebnis enthalten, ... Das Gegenteil vom allgemein Bekannten ausdrücken. ... Bei stark divergenter Problemformulierung sind unerwartete Lösungen am wahrscheinlichsten, ... Stark inspirierend wirken vor allem widersprüchliche Problemsituationen“. Das wird der prägnanten Dissertation von Linde oder dem ProHEAL mit ihren konkreten Ausführungen nicht ganz gerecht. Trotzdem freute sich der bescheidene Hansjürgen Linde und sagte zu mir: „Jetzt hat Professor H. meine Arbeit anerkannt: Der Ingenieur muss die ABER bis zum Widerspruch treiben, wenn er Probleme lösen will, mit anderen Worten: wenn er kreativ sein will.“

Literatur

- Genrich S. Altschuller. *Erfinden – (kein) Problem? Eine Anleitung für neuerer und Erfinder.* Verlag Tribüne, Berlin 1973. Aus dem Russischen ins Deutsche übertragen von Kurt Willimczik.
- Genrich S. Altschuller: *Erfinden. Wege zur Lösung technischer Probleme.* Aus dem Russischen übertragen von Katrin und Rainer Thiel. VEB Verlag Technik Berlin. Drei Auflagen: 1984, 1986, 1998.

- Dieter Herrig, Herbert Müller, Rainer Thiel. Technische Probleme – methodische Mittel – erfinderische Lösungen. In Maschinenbautechnik, Nr. 6 und Nr. 7, 1985.
- Hansjürgen Linde. Gesetzmäßigkeiten, methodische Mittel und Strategien zur Bestimmung von Erfindungsaufgaben mit erfinderischer Zielstellung. Dissertation, TU Dresden, 1988. Betreuer und Gutachter R. Thiel.
- Hansjürgen Linde, Bernd Hill. Erfolgreich erfinden. Darmstadt 1993.
- Hans-Jochen Rindfleisch, Rainer Thiel. Programm zum Herausarbeiten von Erfindungsaufgaben. Bau-Akademie der DDR, 1986.
- Hans-Jochen Rindfleisch, Rainer Thiel. Erfindungsmethodische Grundlagen. Lehrmaterial zur Erfinderschule. Lehrbriefe 1 und 2, Kammer der Technik, Berlin 1988 und 1989.
- Hans-Jochen Rindfleisch, Rainer Thiel. Erfahrungen mit Erfinderschulen. Ein aktueller Bericht für das ganze Deutschland, seine Unternehmer, Ingenieure und Erfinder. Deutsche Aktionsgemeinschaft Bildung, Erfindung, Innovation (DABEI). Bonn und Berlin 1993.
- Hans-Jochen Rindfleisch, Rainer Thiel. Erfinderschulen in der DDR. Eine Initiative zur Erschließung und Nutzung von technisch-ökonomischen Kreativitätspotentialen in der Industrieforschung. Rückblick und Ausblick. Trafo Verlag, Berlin 1994.
- Rainer Thiel. Über einen Fortschritt in der Aufklärung schöpferischer Denkprozesse. Deutsche Zeitschrift für Philosophie 1976, Nr. 3.
- Rainer Thiel. *Methodologie und Schöpfertum.* Forschungsbericht und Konferenz- Protokoll 1977. Zwei Manuskript-Drucke aus dem Institut für Hochschulbildung Berlin.

- Rainer Thiel. Dialektische Widersprüche in Entwicklungsaufgaben. Berlin 1980. Ormig KdT, integriert in das erste Lehrmaterial für Erfinderschulen der KdT 1983.
- Rainer Thiel. Wird unseren Ingenieurstudenten die Dialektik des realen technischen Entwicklungsprozesses gelehrt? Denkschrift an Kurt Hager und ca. 80 prominente Intellektuelle, darunter Helmut Koziolek, Erich Hahn und Herbert Hörz. 1986.
- Rainer Thiel. Zweite Denkschrift an Kurt Hager und ca. 80 prominente Intellektuelle, darunter Helmut Koziolek, Erich Hahn und Herbert Hörz. Darin „Wie ernst nehmen wir es mit der Dialektik?“ sowie Info über die Erfinderschulen. 1987.
- Rainer Thiel. Komplexitätsbewältigung – Dialektikbewältigung, theoretisch und praktisch. Deutsche Zeitschrift für Philosophie 1990, Nr. 5. Darin weitere Literatur-Angaben.

Die ABER-Matrix. Ein Beispiel

Zielgrößen und Komponenten. Die ABER-Matrix von Hans-Jochen Rindfleisch und Rainer Thiel. Matrix-Felder sind hier ausgefüllt mit Beispielen aus 1988.

	Zweck-mäßigkeit	Wirtschaft-lichkeit	Beherrsch-barkeit	Brauch-barkeit
Anfor-derungen	(A.1)	(A.2)	(A.3)	(A.4)
Bedin-gungen	(B.1)	(B.2)	(B.3)	(B.4)
Erwar-tungen	(E.1)	(E.2)	(E.3)	(E.4)
Restrik-tionen	(R.1)	(R.2)	(R.3)	(R.4)

(A.1) Leistungsfähigkeit und Fahrtüchtigkeit bis zu einer Fahrgeschwindigkeit von x km/h

(A.2) 1. Kraftstoffsparend
2. Abgaswärme nutzend

(A.3) 1. Leicht bedienbar, Verschleißteile leicht zugänglich
2. Ersatzteile an Bord verfügbar (mitführbar)

(A.4) 1. Anpassbar an örtlich gegebene Verkerkehrsbedingungen
2. Verwendbar als Zugmaschine, Lieferwagen und Reisewagen

(B.1) 1. Verkehrstauglich
2. Zugbetriebstauglich

(B.2) 1. Servicefreundlich
2. Lastentransportdienlich

(B.3) 1. Kurzzeitig auf x-fache Normallast überlastbar
2. Fahrverhalten (unverzögert), Lenkung folgend

(B.4) 1. Steinschlag abhaltend
2. Hitze abwendend
3. Temperaturhaltend
4. Feuchteausgleichend

(E.1) 1. Hohes Beschleunigungsvermögen
2. Verzögerungsfreie Beschleunigung

(E.2) 1. Transportergiebigkeit
2. Preisgünstig

(E.3) 1. Schleuderbewegungen selbsttätig ausgleichend
2. Auf rasch veränderliche Fahrbahnbedingungen selbst einstellend
3. Selbst überwachend

(E.4) 1. Unabhängig von Tankstellen
2. Unempfindlich gegen tiefe Temperaturen (z.B. beim Starten)

(R.1) 1. Antriebs- und Brems-System spurgetreu
2. Verkehrsregelgemäße Licht- und Signalanlage

(R.2) 1. Anspruchslos in bezug auf Instandhaltung
2. Genügsam in bezug auf Kraftstoffqualität

(R.3) 1. Verkehrssicher
2. Rüttelfest
3. Stoß- und schlagfest
4. Diebstahlsicher

(R.4) 1. Verträglich mit Abgasnorm
2. Korrosionsbeständig bei Tausalzeinwirkung
3. Unbedenklich für innerstädtischen Verkehr

Anmerkungen zu Rainer Thiels Autobiografie *Neugier, Liebe, Revolution*

Hans-Gert Gräbe, Leipzig

Rainer Thiel: Neugier – Liebe – Revolution. Mein Leben 1930 - 2010. Verlag am Park. Berlin 2010.

„Weil ich neugierig bin, interessiert mich auch, wie andere Menschen arbeiten. Ich bewundere sie, wenn sie etwas können, was ich nicht kann. Wir können einander viel geben. Da wird der andere Mensch zum Reichtum. So bin ich mehrfach disponiert zu Solidarität und Freundlichkeit. In der Bibel steht ‚Glaube, Liebe, Hoffnung'. Ich sage ‚Neugier, Liebe, Revolution'".

Mit diesen Worten schließt die Autobiografie eines unangepassten Linken, der zugleich eine sehr spezielle Art von Zeuge des vorerst letzten Versuchs in der deutschen Geschichte ist, den aufrechten Gang zu proben. Über das Scheitern dieses Versuchs heißt es in den Chemnitzer Thesen[1]: „... war auch ein Scheitern des Versuchs, den Geist zu beschwören und zugleich den kritischen Geist zu bannen."

Thiels Dokumentation seines vielfachen Versuchens, Scheiterns, wieder Versuchens, wieder Scheiterns auch innerhalb dieses Sozialismusexperiments lässt nicht nur eine Ahnung zu, was möglich gewesen wäre, sondern auch von Kraft und Ort, wo die Virulenz zu suchen ist, über die Prot im Film *K-PAX – Alles ist möglich*[2] feststellt, „dass diese Lebenskraft für zehn Planeten ausreichen würde".

---

[1]Wissen und Bildung in der modernen Gesellschaft. Thesen zur 5. Rosa-Luxemburg-Konferenz in Sachsen, 3. - 5. 6. 2005, Chemnitz. In: Utopie kreativ 194 (2006), S. 1109 - 1120.

[2]`http://de.wikipedia.org/wiki/K-PAX`

„Philosophie-Kollege Georg Klaus hielt ihn damals für einen Michael Kohlhaas, womit er wohl nicht unrecht hatte“, heißt es im Klappentext des Buches – eine sicher deutlich zu kurz greifende Interpretation der Wirkung, die ein im dauernden Unruhestand Lebender auf die Etablierten ausübt.

Thiels Wahrheiten und Thiels Auslassungen – anders kann es gar nicht sein – werden mit einer verblüffenden Offenheit bis teilweise in sehr intime Details vorgetragen, ohne dass es je peinlich wird. „Es ist eine abenteuerliche, kurvenreiche, absturzbedrohte, aufrechte, gute DDR-Akademiker-Biographie, die der in Chemnitz geborene, aus ärmlichen Verhältnissen stammende ehrgeizige Junge, der spätere promovierte Philosoph, Erfinder, hochbegabte Techniker, Agitator, Polemiker hier vorlegt. ... Es gibt noch Bücher, die zu lesen und genießen sich lohnt. “ – so Gerhard Zwerenz kurz und knapp in seinem Poetenladen[3] über das Buch. Kommen wir zu Details.

Thiel beginnt seinen Lebensbericht mit Erinnerungen an seine Kindheit in der sächsischen Industrie-Stadt Chemnitz. „Vater Walter war Handwerks-Meister für Klempnerei und Installation, hatte zwei Semester lang eine Fachschule in Aue besucht und war auch kurze Zeit auf Wanderschaft gewesen. Sein Vater hatte sich 1908 selbstständig gemacht als Meister für Klempnerei und Installation, also für Blecharbeiten sowie für Gas- und Wasser-Leitungen. Die Werkstatt war in Nebenräumen einer mittelständischen Maschinen-Fabrik untergebracht, die um 1930 in Konkurs gegangen war. Dreihundert Meter weiter – ein Mal um die Ecke – war die Wohnung meiner Thiel-Großeltern, wo Oma Helene geborene Rothe auch Zubehör für Gas-Beleuchtungen verkaufte, vor allem die sogenannten Glühstrümpfe, die sich rasch verbrauchten, anders als die elektrischen Glühlampen, die gerade modern wurden.“ Mir scheint, dass die Bedeutung der

[3] `http://www.poetenladen.de`

kulturellen Milieus solcher *Arbeitskraftunternehmer* für die Herausbildung einer „brüderlichen Assoziation vernetzter, selbstbestimmt agierender Produzenten“ in den traditionsmarxistischen Theorien sträflich unterschätzt wird.

Es ist denn auch dieses Milieu, in dem Arbeit und Freizeit bereits damals auf eigentümliche Weise entgrenzt sind, wo Mutter, Großmutter und Vater ständig beschäftigt und auf Achse sind und zugleich doch für den kleinen Rainer unendlich viel Zeit haben, um seine Fragen geduldig zu beantworten und seine kindliche Neugier unaufgeregt anzufachen. Weiter die technischen Artefakte, die Thiels kindliche Begeisterung wecken – die „Brücke auf halbem Wege zur Stadt über die sechsgleisige Eisenbahn“, der Ozeandampfer, zu dem der Thielsche Küchentisch umfunktioniert wird, Metallbaukasten, Laubsäge, Drillbohrer, das „Bastelbuch in der Vitrine seiner Eltern“ usw.

Das Erlebnis Krieg – eine prägende, das Buch durchziehende Erfahrung, auch wenn der 14-jährige Thiel „nur“ erleben musste, wie seine Heimatstadt im Februar 1945 in Schutt und Asche gebombt wurde, Wohnung und Werkstatt der Familie zerstört und die Ackermann-Oma in den Flammen umkommt. Dieses unbändige „Nie wieder Krieg“ zieht sich durch die – geschriebenen wie ungeschriebenen – Biografien einer ganzen Generation, die sich als junge Menschen an den Aufbau eines *besseren Deutschlands* machten, wie verschieden deren Erfahrungen mit Krieg und dessen Folgen bei nur geringer Altersdifferenz wie etwa Zwerenz (Jg. 1925) und Thiel (Jg. 1930) auch sein mögen. Junge Menschen in einer Zeit extremer Umbrüche – Pubertät, Politisierung und jugendliche Ungeduld, ein weiteres Mal gepaart mit Neugier und in den Kriegsjahren nur sehr notdürftig gestilltem Wissensdurst, sind die Zutaten, die Thiel in jenen Jahren in Gymnasium, Volkshochschule, Kulturbund, FDJ umtreiben – „bei den Lehrern hatte ich einen Stein im Brett, je mit einem Quäntchen Salz“ (S. 56).

„So war ich citoyen geworden und hatte für gemeinschaftliche Veränderung der Welt geworben. Seit Jahren war ich pausenlos in Spannung. Nun war ich ausgebrannt. Meine Mutter fühlte das und riet mir: Geh nach Sosa zum Talsperrenbau.“ (S. 63). An diesem großen FDJ-Projekt, der *Talsperre des Friedens* Sosa kommt Thiel erstmals in engeren Kontakt mit der *proletarischen Kultur*. „... obwohl wir noch viel lernen müssen, zum Beispiel Kipploren zu entleeren. Die Mulde muss um ihre Längsachse gewippt und aufgeschaukelt werden. Kippt die Mulde endlich, geschieht das heftig. Manchmal stürzt sie den Steilhang hinab, manchmal wird ihr Fahrgestell mitgerissen. Fritz zeigt uns, wie man Loren kippt. ... Wir haben damals 48 Stunden pro Woche gearbeitet. Die meisten gaben sich Mühe. Mein bester Kollege war Achim Schulze, anfangs zurückhaltend den Steinen gegenüber, ab dritter Woche aber junger Mann am Fels wie längst schon zu den Mädchen.“ (S. 66) „Deshalb beantragte ich im Herbst 1949, als Kandidat in die SED aufgenommen zu werden. Meine Revolution währte schon vier Jahre. Die Ziele der Partei hatte ich zu den meinen gemacht. Die Vorkämpfer für eine gerechte, friedliche Welt – alte Kommunisten, Antifaschisten, die gegen Hitler gekämpft hatten, waren mir zu Bezugsgrößen geworden. Ich fühlte mich als deren Schüler.“ – Genauer kann man den Startpunkt des Experiments DDR kaum beschreiben.

Studium in Dresden und Jena – Mathematik, Philosophie, Geld verdienen. Steine klopfen in Dresden, Aushilfslehrer in Jena, Maxhütte; kein Stipendium – als „Handwerkersohn“ und „Miterbe eines Trümmergrundstücks“ kann man noch nicht „frei sein von bürgerlichen Schlacken ... Das Stipendium betreffend sagte mir der Vorsitzende der Hochschulgruppe, ich müsse im Fragebogen unter Herkunft eintragen ‚Arbeiter'. Ab 3. Studienjahr wirkte das." Ab 1951 Philosophie als Hauptfach bei Georg Klaus in Jena, „Altkommunist, nach seinem dritten Mathematik-Semester von den Nazis ins Zuchthaus geworfen. ... Klaus kannte sich aus in Mathematik und in Geschichte der Philosophie, als hätte er zwanzig Jahre lang beide Fächer betrieben."

Doch die Mühlen mahlen bereits – Ende Juni 1952 zu laut Kritisches gedacht, Ausschluss aus FDJ, Partei und Studium, Bewährung in der Produktion. Auf der zweiten Parteikonferenz in Berlin wird gemeldet: „Die ersten Erfolge der Agentenbekämpfung haben wir. Es gelang uns, einen Fakultäts-Sekretär der FDJ zu entlarven. Er verleumdete unseren Genossen Erich Honecker. Wir haben ihm das Handwerk gelegt." (S. 92)

Ab Oktober 1953 wieder Studium der Philosophie in Berlin, bei Georg Klaus und Wolfgang Harich, Kurt Hager und Hermann Scheler. Georg Klaus und seine Themen bleiben für Thiel ein Leben lang das große Vorbild – „Was Klaus unserer Philosophie zu erschließen versuchte, wurde noch lange misstrauisch beäugt: Die Logik, die Mathematik, die Kybernetik sowie Erkenntnisse der Naturwissenschaft. Die behäbigen Philosophen mit ihren kindlichen Vorstellungen über Materie und Mathematik, über Stabilität und Instabilität, über Raum und Zeit und über Statistik hatten Angst vor Klaus." (S. 109) Die Diplomarbeit 1956 *Philosophische Probleme der speziellen Relativitätstheorie* – „ich suchte Ahnungen zu verifizieren ... das Verhältnis von Materie und Bewegung, von Raum und Zeit betreffend".

Die Kybernetik-Debatte. Thiel als „Diener zweier Herren" – den Klaus-Schüler spült das Leben an die Gestaden Hermann Leys. Zwei wichtige Personen der DDR-Philosophie, die unterschiedlicher nicht sein können. Thiel urteilt auch im Rückblick, wie man ihn kennt.

Aber ist die Welt wirklich so einfach? Viel Holz für die anstehenden Jubiläen von Hermann Ley (Nov. 2011) und Georg Klaus (Dez. 2012).

Annäherung an die Kybernetik bedeutete vor allem, sich in Mathematik, der Sprache auch der Kybernetik, ausdrücken zu üben. „Nun kam die Kybernetik und hatte gar noch mehr Gutscheine auf Erkenntnis: Information als solche und ihr Maß, Struktur von Handlungsabläufen und Algorithmen, Rechenautomaten, mathematische Fassung von Konflikten und Theorie strategischer Spiele. Öffner des Blicks auf das Panorama waren sehr wenige ausgewiesene Leute der klassischen Wissenschaften gewesen – ein paar Mathematiker, noch seltener Biologen und Mediziner.“ Thiel als Zeuge und Akteur der Geburt einer neuen Wissenschaftsdisziplin, die auch in Ulbrichts Osten Deutschlands im Zuge von BMSR und NÖS später eine Rolle spielen sollte. Zugleich die wohl letzte große Wissenschaftsdebatte, in welcher der „eiserne Vorhang“ noch nicht auch zugleich ideologische Barrikade war. Dennoch – „meinen Kollegen fiel es schwer zu verstehen, dass aus dem imperialistischsten aller Länder auch etwas Brauchbares kommen könnte. Es fiel meinen Kollegen auch schwer zu verstehen, dass Geistesprodukte aus solchen Ländern nicht unbedingt von bürgerlicher Ideologie indoktriniert sind.“ (S. 140)

1967 – Ende der befristeten Anstellungen im Hochschulbereich und Wechsel aus dem „Bereich Hager“ in den „Bereich Mittag“, ins Ministerium für Wissenschaft und Technik. Damit zugleich mitten hinein in die Auseinandersetzungen um die praktische Anwendung der Kybernetik auf ökonomische Systeme im Zuge der NÖS und Zeuge des Ringens von Befürwortern und Gegnern dieses Ansatzes im Zentrum der Macht. Es ist hier nicht der Raum, diesen Report eines Zeitzeugen über spannende Entwicklungen ausführlicher zu würdigen, die 1971 ihr jähes Ende fanden.

Dann Zwischenstation in der Bildungsforschung – mit seinem Projekt „Brückenschlag zur Kreativität" gerät Thiel Ende der 70er Jahre wiederum in die Schusslinien und bleibt dem Thema dennoch treu. „Wie ein neugieriges Kind hatte ich ein Buch aus der Sowjetunion entdeckt, von Genrich Saulowitsch Altschuller: *Erfinden kein Problem?* In der Philosophen-Zeitschrift publizierte ich sofort einen Essay darüber, die Erfinde-Methodik Altschullers auch konfrontierend mit der Systematischen Heuristik von Johannes Müller, einem konservativen Neuerer, Fan von Systematik in der Ingenieur-Arbeit." Thiel ein weiteres Mal an vorderster Front der Wissenschaftsentwicklung – (gute) Kreativitätsforscher und -trainer sind noch heute rare und hoch bezahlte Spezialisten, denn Kreativität lässt sich nicht verordnen, allenfalls stimulieren. „In diesem Urwald hatte ich mein Lager aufgeschlagen, das zweitägige Kolloquium *Methodologie und Schöpfertum*, mit zweihundert Seiten Forschungsbericht als Diskussionsgrundlage und hundert Gästen aus dem ganzen Land, begrüßt von meinem Chef. Die Beherrscher des Waldes tragen ihre Einwände vor. In einer Pause fordert ein Pädagogik-Professor von mir, alles zurück zu nehmen, denn Altschuller sei Zionist." (S. 216) Der eigenwillige Thiel im Spagat zwischen Auftragsarbeit und neuen Ideen – kann das lange gut gehen? „Als das Institut einen neuen Status bekam und die Arbeitsverträge ausgetauscht wurden, konnte der Chef sich von Leuten trennen: Achtzehn, die als faul galten, und ich, dem der Direktor in die Akte geschrieben hatte: ‚besessener Arbeiter'. Jetzt schrie mich der Chef an: ‚Ich werde nicht ruhen, bis ich dich raus habe.' So geschah es."

Die alten Stricke reißen, doch die neuen tragen – was hätte aus diesem sozialistischen Experiment werden können ... „Als mich mein Direktor rausschmiss, war längst ein Netz von kreativen Ingenieuren geknüpft, ehrenamtlich, leidenschaftlich. Wir wollten Bildung zum Erfinden. Dominant waren Michael Herrlich in Leipzig und Karl Speicher in Berlin, beide ausgezeichnet mit dem Staatstitel *Verdienter Erfinder*. Wir wollten nicht irgendwelches Erfinden, sondern Problem-Lösungen, die gebraucht werden unter widrigen Umständen. Ich war das einzige SED-Mitglied unter ihnen.“ Später auch mit Hans-Jochen Rindfleisch und Hansjürgen Linde – „Jochen war einer unter tausend Ingenieuren, der auch über Methodik des Erfindens nachdenken konnte. Zu seinem ersten Auftritt als Trainer nutzte er einen Spickzettel für elf Denkschritte. Doch im Hinterkopf hatte er noch mehr. Bis zum Ende der DDR ist er dreißig Mal Cheftrainer in Erfinde-Workshops für verschiedene Betriebe ... Jochen wird dazu von seinem Betrieb freigestellt. Sein Chef weiß, dass er sonst nicht vergelten kann, was Jochen für seinen VEB leistet. Ähnlich werden auch Kollegen anderer Betriebe anerkannt, so können sie immer wieder als Kreativ-Trainer für einen anderen Betrieb wirken. In Berlin versuche ich, Trainer zu gewinnen und vorzubereiten. Fünfundzwanzig Erfinde-Workshops setze ich in Gang, wo ich als Manager und Jochens Assistent wirke.“ (S. 223)

Wende – was bleibt nach dem Ende? „Auf der Zusammenkunft berichten zwei Ingenieure aus Teltow, einer Hochburg unserer Elektroindustrie. Beide Kollegen bekennen sich zum Neuen Forum. Und jetzt erzählen Sie, wie Nieten in Nadelstreifen mit leerem Koffer aus dem Mercedes aussteigen und mit gefüllten Koffern verschwinden. ... Im Herbst 1990 gründete Jochen mit drei Erfinderschul-Kollegen ein Ingenieurbüro als GmbH und einen Verein. ... Mit unserem Verein wollten wir in den Resten unserer Industrie Schubladen-Projekte aktivieren, Innovationen auslösen, Arbeitsplätze erhalten. ... Bestätigung fanden wir beim legendären Dübel-Fischer. Auf einer Tagung der Aktionsgemeinschaft Bildung-Erfindung-Innovation sitzen wir nebeneinander. Doch Wessi spürt Ossi und umgekehrt. Fischer ist als Erfinder so souverän, dass er sich zeitlebens Menschlichkeit bewahren konnte. ... Auch mit Gewerkschaftern aus dem Westen kommen wir ins Gespräch. ... Udo Blum von der IGM-Zentrale Frankfurt wird unser ständiger Freund. "

Und was bleibt noch? „Auf halbem Wege zu unserer Methodik, 1984, war Hansjürgen Linde (Jg. 1941, Abteilungsleiter und Verdienter Erfinder im VEB Rationalisierung der Bezirksgeleiteten und Lebensmittel-Industrie in Gotha) in unseren Kreis getreten. ... Ich empfehle ihm eine außerplanmäßige Aspirantur an der TU Dresden: Da wird er drei Jahre lang für je sechs Wochen von der Arbeit im Betrieb freigestellt. Die Professoren nehmen ihn gut auf, weil er in ihrer Konstruktions-Lehre zu Hause ist. Doch Hansjürgen sieht sich in unseren Erfinderschulen um ... Herausarbeiten von erfinderisch zu lösenden Widersprüchen ... Damit aber hatten die Professoren nicht gerechnet. Ein ausgewiesener, staatlich dekorierter Erfinder in ihren Reihen – o wie schön. Doch was er in seiner Doktorarbeit schreibt? Im Frühjahr 1988 verteidigt Hansjürgen seine Dissertation. ... Anno 1990 – die Arbeitslosigkeit drohte – war Hansjürgen Linde von Gotha nach München gegangen, hatte bei BMW Patente gemacht und auch Workshops nach seiner Version. Er bewirbt sich für eine Professur an der Fachhochschule Coburg und steht an erster Stelle auf der Bewerberliste. Seine Dresdner Dissertation erscheint in Darmstadt. ... In Coburg sehe ich Hansjürgen umringt von seinen Professorenkollegen. Er hat jetzt ein Institut an der Hochschule und ein privates Ingenieurbüro. Dort bringt er junge Leute zur Entfaltung und entwickelt sein System weiter: Die Widerspruchs-Orientierte Innovations-Strategie (WOIS). In Dutzenden namhaften Unternehmen führt er seine Workshops durch ..." (S. 248 ff.)

Lassen wir abschließend Gerhard Zwerenz über das ambivalente Verhältnis Thiels zur Nachwende-Linken zu Wort kommen: „Der Ex-Genosse ist heute bei attac – mit der PDS überwarf er sich ungefähr dreimal pro Woche – ein heimatloser Linker aus dem Osten?"

Thiel handelt außerparlamentarisch. In drei Kapiteln berichtet er vom Schülerstreik in Storkow, über seine Erfahrungen in Landespolitik und über den Boykott einer Unterschriftensammlung durch die PDS – „Wie 106 000 Unterschriften verschwunden sind“. Die Linke muss sich auch die Frage gefallen lassen, warum sie so wenig vom Widerschein und Feuer dieser mit Händen zu greifenden und von Thiel in großer Detailliertheit beschriebenen Zukunft „einer brüderlichen Assoziation vernetzter, selbstbestimmt agierender Produzenten, in welcher Gleichheit gerade durch Verschiedenheit der Menschen und Freiheit durch die Fähigkeit zum Eingehen verlässlicher Bindungen garantiert sind“[4], aufzunehmen im Stande ist. Sind es nicht gerade *diese* Praxen, in denen sich bereits im Heute Freiheit und Gleichheit gegenseitig bedingen und so zugleich die Würde des Menschen heiligen? Kann der „Sprung aus dem Reich der Notwendigkeit in das Reich der Freiheit“ als die Vollendung des Projekts der Moderne im Sinne von Kant, Hegel und der Aufklärung anders gelingen als auf jenem vorgezeichneten Weg einer „Allmählichen Revolution“?

Ich begann diese Besprechung mit den letzten Zeilen aus Thiels Buch. Das dort erwähnte Bibelzitat ist nicht korrekt – in (1. Korinther 13, 13) heißt es „Glaube, Hoffnung, Liebe“ und die Reihenfolge ist nicht zufällig gewählt, denn es heißt weiter „diese drei; aber die Liebe ist die größte unter ihnen.“ Glaube und Hoffnung sind Kategorien, denen Marxisten nicht ohne Grund mit Skepsis begegnen, denn viel zu oft haben sie sich als Mantel für Verhältnisse erwiesen, „in denen der Mensch ein erniedrigtes, ein geknechtetes, ein verlassenes, ein verächtliches Wesen ist“. Dennoch – so Blochs Überzeugung – ist es das *Prinzip Hoffnung*, welches die Weltgeschichte im Innersten antreibt, und *Neugier* eine unverstellte Form, in der sich dieses Prinzip äußert. Dass es mit der *Revolution* nicht so einfach ist, hat

[4] Chemnitzer Thesen, These 22

Thiel anderenorts[5] ausführlich erläutert.

Und so bleibt auch hier am Ende *Liebe*, die Thiel vielen gegeben und viel erfahren hat – auch darüber ist ausführlich in diesem Buch die Rede. Liebe – daran lässt Thiel keinen Zweifel – bedeutet Eins-Werden und Eins-Sein. Es ist dies für mich die zentrale Botschaft des Buches, und daran schließt nahtlos die letzte der Chemnitzer Thesen an: „Und es geht um ein tätiges Verständnis dafür, dass ein solches Einssein der menschlichen Gesellschaft das Einssein mit Natur und Umwelt, nachhaltiges Wirtschaften und Tun einschließt und zur Voraussetzung hat. Dann ‚wird er bei ihnen wohnen, und sie werden sein Volk sein.' (Offenbarung 21,3)"

[5] Rainer Thiel: Die Allmählichkeit der Revolution – Blick in sieben Wissenschaften. LIT-Verlag, Münster, London, Berlin 2000.

Zur Lehrbarkeit dialektischen Denkens – Chance der Philosophie, Mathematik und Kybernetik helfen

Rainer Thiel, Storkow

Dieser Text ist die Grundlage eines Vortrags von Rainer Thiel auf der Konferenz der Leibniz-Sozietät am 8. November 2007. Eine erste schriftliche Version wurde im Protokollband [7: S. 185-202] dieser dreitägigen Konferenz[1] veröffentlicht.

Vorbemerkungen

Hegel schrieb 1807: „Erst was vollkommen bestimmt ist, ist zugleich exoterisch, begreiflich, und fähig, gelernt und das Eigentum aller zu sein.“ [10: S. 20]. Was dem vorausgegangen war in aller Philosophie, das hat Hans Heinz Holz 2005 mit seinem „Weltentwurf und Reflexion“ [12] durchleuchtet. Er hat die Grundlegung der Dialektik vollendet. Sein Werk habe ich erst jetzt lesen können, seit vierzig Jahren stehe ich außerhalb philosophischer Institute. Indessen frei vom Blick auf Bürokraten. Freiheit habe ich mir erlaubt, weil in der DDR keine Arbeitslosigkeit zu befürchten war. Ohne besondere Intelligenz konnte ich Akademikern voraus sein. Seit langem wirke ich in sozialen Netzen, da bleibt für Bücher auch kaum Zeit. Doch Praktikum hat Leibniz gut geheißen: „Theoriam cum praxi coniungere.“

[1]Mehr zum genaueren Ablauf der Konferenz siehe auch `http://www.leipzig-netz.de/index.php/HGG.2019-09`.

Ein Zweites sei erinnert. Die Paderborner Gruppe „Erwägen Wissen Ethik“ (EWE) hatte zum Thema „Dialektik als Heuristik“[2] aufgerufen. Da habe ich geäußert: Dialektik als Heuristik „JA“ [24]. Aber es wurde zu viel drum herum geschrieben, auch vom Thema abgewichen. Statt Dialektik zu entwickeln – zu viel Mechanistik.

Indessen gilt: Menschen machen Geschichte, auch wenn es nur per Stillehalten ist und übel ausgeht. Menschen gestalten Geschichte, wenn sie über sich hinausgehen. Wissen muss man, was passieren *kann.* Rückwärtsblickend hilft die Rede vom Determinismus weiter, vorwärts aber nicht. Marx und Engels haben Möglichkeiten erkannt. Aber Voraussagen? Nein, sagen Marx und Engels (MEW 22, S. 509). Goethe war nur wenig zu weit gegangen, als er schrieb: „Was macht gewinnen? Nicht lange besinnen.“ [8]. Ähnlich Clausewitz [3: S. 434]. Das habe ich in [19] verarbeitet, um Mathematik vom Geruch zu befreien, Kochbuch für Buchhalter zu sein. Mit Mathematik kann man sprechen und denken über Dialektik. Um das anno 1975 gedruckt zu kriegen war List vonnöten und Solidarität. Zu spät und zag hat Herbert Hörz ein Löchlein in das Beamten-Brett zu bohren versucht.

Kurzum: Alles, was man vorwärtsblickend wissen kann, macht Geschichte einem Fußballspiel oder einer Ehe eher vergleichbar als Planetenbahnen und Gasmoleküle. Auch Ballspiele und Ehen werden von Tätern gestaltet. Hinterher kann man fragen, wie alles gekommen ist, so weit reicht der Determinismus. Vorwärts kommt es aufs kreative Handeln an. Das an der Mechanik orientierte Paradigma „Determinismus“ ist aber, selbst wenn es auf Zufälle Rücksicht nimmt, seit Hegel auch deshalb obsolet, weil es lebendige Objekte nicht zugleich als Subjekte wahrnimmt, die über sich selber hinausgehen. Das kann mit dem Terminus „innere Widersprüchlichkeit“ designiert werden. Zufälle werden in der Regel nur als äußere Beein-

[2]Erwägen Wissen Ethik. Heft 2 (2006).

flussungen von Objekten gesehen. Das ist Mechanik. Dialektik ist die Selbstbestimmung von Systemen, von Subjekten und Populationen sowie die Theorie davon.

Zum Fußball gehören Trainer. Außerhalb des Fußballs bräuchten wir professionelle Dialektiker. In der schönen Literatur bestimmen sich menschliche Populationen und Subjekte, der Leser perzipiert das intuitiv, das Verständnis der innewohnenden Dialektik könnte durch Philosophen zum vollen Bewusstsein ausgeprägt werden. Bereits Marx und Engels haben – übers Heute hinaus denkend – Möglichkeiten erkannt, Hypothesen gebildet, Mut gemacht. Das ist Dialektik als Heuristik. Und auch nachlesbar. Doch das wurde zugewischt. Der Schaden ist gewaltig und trug zum vorläufigen Abbruch hoffnungsvoller Anfänge bei.

Vorwärts nun mit Hans Heinz Holz [12]. Sein zwanzigstes Kapitel, sein Ausblick, beginnt etwa so: „Von den jetzt gewonnenen Einsichten aus lässt sich [...] eine [...] konstruktive Systematisierung der Dialektik vornehmen.“ Das ist Aufruf, Dialektik lehrbar zu machen. Konstruktive Dialektik hat Hans Heinz Holz schon selber praktiziert, indem er zeigte, was „Negation“ und was „Widerspiegelung“ ist. Konstruktiven Geistes war Hegel, als er schrieb: Das Individuum hat das Recht zu fordern, „dass ihm die Wissenschaft wenigstens die Leiter reiche“ [10: S. 19]. Das passt zu Hans Heinz Holz: Dialektik werde „auf die vier Grundzüge zurückkommen“, die in didaktischen Schriften millionenfach verbreitet worden sind. Das ist eine der untersten Sprossen. So habe ich mich geäußert, auch nach der EWE-Diskussion in einem Schreiben an alle Teilnehmer, in höchster Kürze. Auch heute ist Kürze geboten. Als Häretiker hatte ich immer schon Verzicht zu üben. Kompression sollte erleichtern, Ungewohntes gedruckt zu bekommen. Doch es hat auch erleichtert, Gedanken eines Schülers von Karl Marx zu unterdrücken.

Nun zur Sache selbst:

Der Kürze halber lasse ich Worte zu den Grundzügen 1 und 2, also zu den Topoi „Zusammenhang“ und „Entwicklung“, heute ganz weg. Ich lasse auch weg einen 5. Grundzug, der dem „Differenzieren“ gewidmet sein müsste. Erwähnt sei jetzt nur, dass sich Einsichten zu den Topoi „Zusammenhang“, „Entwicklung“, „Differenzierung“ und zugleich Einsichten in soziale Bewegungen ergeben, wenn man als Intellektueller mittendrin ist. Dann erkennt man auch gnoseologische und soziologische Aspekte der Dialektik. In „Zusammenhängen“, in „Entwicklung“ und „spezifizierend“ zu denken ist fast allen Menschen ungewohnt. Es ist schwer, mit ihnen über Entwicklung und Differenzierung in Politik und Bürgerbewegung zu sprechen. Vielen fällt es schon schwer, den Zusammenhang mit einem Partner zu bedenken. Sie melden sich am Telefon, zum Beispiel „Stefan“. Doch welcher Stefan ist es von den vielen, an die der Hörer denken muss? Und gar zwei Zusammenhänge gleichzeitig im Auge zu haben fällt den meisten Menschen schwer. Lieber versteifen sie sich auf erste Eindrücke und klopfen sich mit Redepartnern, die einen anderen Zipfel der Realität am kleinen Finger haben.

Also jetzt nur zum 4. und danach zum 3. Grundzug der Dialektik, zum dialektischen Widerspruch und danach zum Verhältnis von Quantum und Quale.

Anmerkungen zum dialektischen Widerspruch:

Dabei blicke ich auf Lehrbücher, die bis 1989 erschienen sind. Ein Teil der zehntausend Zeilen dort gilt gutwilligen Lesern als unbestreitbar. Zu dem anderen Teil möchte ich jetzt sechs Anmerkungen vortragen.

1. Anmerkung: Zur Dialektik polarer Verhältnisse wird bis 1989 verwiesen auf Beispiele von Marx und Engels, nicht immer bewältigt im Sinne ihrer Spender, aber immerhin. Doch Anregungen aus der Kybernetik? 1967 durch Georg Klaus auf einem Berg von Erkenntnissen. Danach war Schluss damit in Lehrbüchern zum Dialektischen Materialismus. Kybernetik hatte um 1960 geholfen, das Verhältnis von Wechselwirkung und Zielstrebigkeit zu verstehen, ich hatte das exemplifiziert an Rückkopplungs-Systemen in Marxens Kapital, mit Rückhalt von Georg Klaus gedruckt 1962, und anno 1967 weiter ausgeführt unterm Titel „Quantität oder Begriff? Der heuristische Gebrauch mathematischer Begriffe“ [18]. Neulich hat Günter Kröber daran erinnert in einem Sammelband „Kybernetik steckt den Osten an. Aufstieg und Schwierigkeiten einer interdisziplinären Wissenschaft in der DDR“ [13]. Mein druckfertiges Manuskript für diesen Sammelband mit Auszügen aus meinen Veröffentlichungen von 1962/67 war ohne Rücksprache mit mir unterdrückt worden. Doch ein Teil der Erkenntnisse findet sich bei Kröber. Meine Arbeit von 1962 scheint also auch 45 Jahre später interessant, obwohl ich selber heute darüber hinaus bin. Trotzdem freue ich mich über jeden, den ich mit der Zeit von der Gültigkeit auch der ersten Anfänge habe überzeugen können. Erkenntnisse von anno 1962 schmücken also den Sammelband von anno 2007. In meinem druckfertigen, doch unterdrückten Beitrag waren auch Erkenntnisse von 1975 zum Thema „Mathematik – Sprache – Dialektik“ referiert. Heute darf ich das erwähnen: Als Mitgestalter des Aufstiegs einer interdisziplinären Disziplin, auch in praktischen Fragen, meine ich, dass der Sammelband nicht rundum gelungen ist. Laut muss ich sagen, dass auch die Initiativen von Friedhart Klix und anderen im Forschungsrat der DDR verschwiegen wurden, an denen ich teilgenommen habe und die der Akademie der Wissenschaften abgerungen wurden. Andere Einzelheiten, die in [18] und [19] nachgelesen werden können, auch die Beiträge zu einer Spezifikation des dialektischen Widerspruchs, lasse ich hier weg. Bedauerlich bleibt, dass im erwähnten Sammelband von 2007 zum x-ten Mal der Eindruck erweckt wird, man hätte sich der Gefahr erwehren müssen, dass Philosophie durch Kybernetik ersetzt werde. Stattdessen wäre hervorzuheben gewesen, dass durch Kybernetik belebt wurde, was in der Philosophie von Hegel und Marx längst angedacht und endlich wahrzunehmen war.

In den 1960er Jahren hatte es noch einiges mehr gegeben, um schrittweise eine Lehre der Dialektik zu schaffen. Der Philosophie-Historiker Gottfried Stiehler hat 1966 das Maximum an Klarheit erreicht, das ohne Mathematik erreichbar ist. Stiehlers Buch [17] zeugt von Ernst, auch heute kann man daraus lernen. Doch bald ist in Lehrbüchern nur noch ein Konglomerat von Worten wie Widerspruch, Gegensatz, Antagonismus, Differenz von Soll und Sein zu finden. Keine Begriffe, keine Spur von System und Verständlichkeit. Unausgefüllte Gerüste blieben die beiden Ansätze von 1966 und 1967. Verschlampert wurden Ansätze zum Sozialismus.

2. Anmerkung: In den Lehrbüchern bis 1989 sind umfangreiche Texte mit der Arbeiterklasse im Zentrum fixiert auf erstarrte Bilder gesellschaftlichen Geschehens. Ich war 40 Jahre lang Mitglied der SED, in den ersten Jahren habe ich viel gelernt, das gebe ich nicht auf, Arbeiter und Funktionär bin ich selbst gewesen. Aber bis 1989 ist in Lehrbüchern die Spaltung der Arbeiterklasse in Werktätige und Ritualienpfleger ausgeblendet. Die Spaltung begann vorm ersten Weltkrieg. Nach dem zweiten Weltkrieg äußerte sie sich verschieden in Ost und West. Dass sie beginnen konnte, liegt in der Arbeiterklasse selbst. Das wäre zu sehen gewesen mit Marxens Entfremdungs-Lehre. Dazu Rudolf Bahro 1979 „Die Alternative“ [1] und neunzehn Jahre zu spät von mir: „Marx und Moritz – Unbekannter Marx – Quer zum Ismus“ [21]. Doch in Lehrbüchern des DiaMat wurde das nicht reflektiert, auch nicht das Phänomen der „Spaltung“ selber, das bis hinein in Seelen reicht. Fingerzeige darauf wurden aus Texten zum dialektischen Widerspruch gestrichen. Das fehlt nun in den Lehrbüchern, die kein gutes Zeugnis ablegen für das Land, für das sie stehen sollten.

3. Anmerkung: Unterbelichtet ist in den Lehrbüchern der Umgang mit Widersprüchen. Es fehlt „De-Eskalation versus Eskalation“. Es fehlt das Philosophikum „Kreativität“, also „Schöpfertum“. Ein Professor des Historischen Materialismus meinte, „Kompromisse lösen Widersprüche.“ Aus Achtung vor seinem lauteren Charakter verschweige ich seinen Namen. Doch auch die Theorie strategischer Spiele dient nur der Selektion von Varianten im Rahmen konstanter Repugnanzen. Hingegen wäre kreativ, durch neue Strategien Widerspruchslösung anzubahnen. Deutlich wird das vorm Hintergrund mathematischer Modelle. Was unter „Optimierung“ fällt, ist Kompromiss, also Änderung im Rahmen bestehender Verhältnisse. Unter Lösung fällt dagegen die strukturelle Änderung bestehender Konstellationen. Das führt hin zum Wesen von „Kreativität“.

Deshalb sei ein Phänomen angedeutet, das in der Deutschen Demokratischen Republik auf Dialektik und Kreativität orientieren sollte. Das Phänomen wurde „Erfinderschule“ genannt, etwas unglücklich, weil unter „Erfinden“ oft „Märchenerzählen“ verstanden wird. Besser wäre gewesen „Workshop zu Widerspruchszentrierter Innovations-Methodik“. Die Methodik wurde geprägt von Hans-Jochen Rindfleisch, Rainer Thiel und Hansjürgen Linde, letzterer führt das Phänomen weiter in Bayern. Zwei der Autoren sind Verdiente Erfinder der DDR und promovierte Ingenieure, Linde wurde in Bayern Professor, leitet zwei Institute und ist gefragter Partner der Industrie. Das Phänomen „Erfinderschule" wurde mehrmals dokumentiert, durch den Ingenieurverband der DDR und danach mit Hilfe von Freunden an Rhein und Isar sowie mit Fördermitteln eines Bundesministeriums.

Kurzum, das Phänomen wurde in mehrtägigen Workshops mit Ingenieuren praktiziert an Problemen aus realen Betrieben der DDR. Brainstorming diente der guten Laune. Danach zwecks Provokation das „Inverse Brainstorming". Anschließend viele Fragen: Welchen Bedürfnissen entspringt das Problem? Wie hat es sich entwickelt? Welche technischen, ökologischen, ökonomischen Parameter bestimmen es? Aus Kundensicht und aus der Sicht des Betriebes? Das alles wurde in einer Matrix erfasst. Und dann ging es richtig los: Wie müssten wir die Parameter-Werte ändern, wenn etwas Gutes entstehen soll? Wir forderten: „Kollegen, schraubt die Werte hoch, habt Mut, wir wollen etwas Neues, das obendrein vernünftig ist!" Wenn nun – mit der Tabelle experimentierend – die Ingenieure beginnen, die wünschbaren Werte-Variationen miteinander in Beziehung zu denken, z.B. Werte der Geschwindigkeit, des Gewichts, der Sicherheit, der Handhabbarkeit, der Kosten und alles das bei extrem knappen Ressourcen, dann dauert es nicht lange, und Teilnehmer rufen: „Das geht nicht, da kommen wir in Widersprüche." Dann habe ich gesagt: „Aha, die Professoren haben euch irregeleitet." Ich füge hinzu: Im Fachwissen waren die Ingenieure der DDR vortrefflich ausgebildet. Aber betreffend Dialektik waren sie irregeführt. Man hat ihnen eingetrichtert: Wenn in Ingenieuraufgaben Widersprüche auftreten, müssen die wünschbaren Parameter-Werte heruntergedreht werden. Und von Philosophen wurden wir Heuristiker befehdet, weil wir Dialektik praktizierten. Hörz war einsame Ausnahme. Auf einem Kolloquium wurden wir beide von jüngeren Philosophen angegriffen.

Wir Erfinderschul-Methodiker haben mit führenden Professoren der Hochschulen erbittert gerungen. Erst anno 1992 hat deren Primus öffentlich bekannt: „Ja, in einer Ingenieuraufgabe, die auf Neues zielt, müssen Widersprüche konzipiert werden, um Neues zu entwickeln.“ Natürlich hatten wir Erfinderschul-Leute eine tief gegliederte Methodik geschaffen, auf dreihundert Druckseiten nachlesbar. Dort haben wir in hundert Schritt-Empfehlungen und vielen Erläuterungen gezeigt, wie man durch Antizipieren von Entwicklungs-Widersprüchen zu Lösungsansätzen kommt. Lösungen haben wir auch erarbeitet. Die Lösungs-Empfehlungen sind ihrerseits durch Dialektik inspiriert, zum Beispiel „Spalten von Objekten“ und „gegenseitiges Kompensieren der Komponenten“. Einfachste Paradigmen sind das Kompensationspendel und die nachempfundene Erfindung des Schiffsankers. Vergleichbare Kompensationen werden auch in der Mathematik praktiziert, z.B. beim Integrieren per Substitution oder – zwecks Radizieren der quadratischen Gleichung – in Gestalt der quadratischen Ergänzung.

Kurzum, indem wir in Systeme von Parametern durch Variation oder durch Spalten von Objekten gleichsam Power einbrachten, begannen in den antizipierbaren Werte-Verlaufslinien Divergenzen zu entstehen bis zur Unliebsamkeit. Wir präsumierten, wie per Variation Widersprüche entstehen. Das Gesamtgeschehen aus Spaltung bis zum Gegensatz ist der dialektische Widerspruch.

Die erste neuzeitliche Anregung, nachzudenken über die Spaltung von Monolithen in auseinandergehende, zuerst nur differenzische, bei fortgesetzter Variation bald auch entgegengesetzte Komponenten, die erste Anregung jenseits von Hegel und Marx empfing ich durch Genrich Saulowitsch Altschuller (Baku, Moskau). Altschuller hatte darauf hingewiesen und anhand einer Tabelle erläutert, dass bei extensiver (tatsächlicher oder antizipierter) Variation technischer Objekte deren Parameter – physikalisch und unterm Gesichtspunkt ihrer Nutzbarkeit auch ökonomisch – oft „in Widerspruch“ zueinander geraten. Im Deutschsprachigen wurde erstmalig darauf verwiesen von mir in der Deutschen Zeitschrift für Philosophie 1976 [20]. Bald entwickelte ich dazu eine mehr mathematisch anmutende, simple Darstellungsweise, die 1982 auch Eingang gefunden hat in das erste Erfinderschulmaterial des Ingenieurverbands. Das war den meisten Ingenieuren und Naturwissenschaftlern anfangs zu neu, einige begeisterten sich nur an der von mir verwandten Symbolik. Sofort verstanden wurde es von dem auch theoretisch hochgebildeten Erfinder Dr.-Ing. Hans-Jochen Rindfleisch, sodass es in den Berliner Erfinderschulen bald zur praktischen Anwendung kam, über die ich soeben berichtet habe. Hansjürgen Linde hat eine eigene Version geschaffen unter dem treffenden Titel *Widerspruchsorientierte Innovations-Strategie* (WOIS), zum ersten Mal zusammenhängend dokumentiert in Lindes Dissertation [16], die längst zur Grundlage zahlreicher Schriften, Workshops und Kongresse geworden ist. In der prononciert kybernetischen Literatur habe ich darauf noch keine Bezüge gefunden.

4. Anmerkung: In der kybernetischen Literatur ist aber von Anfang an Bezug genommen auf die Interaktionen zwischen technischen Objekten und ihrem Umfeld, indirekt auch innerhalb technischer Objekte, wenn man diese als Systeme sieht. Daraus ergab sich auch eine fundamentale Vertiefung des simplen Wechselwirkungsbegriffes der Philosophie, die am mechanischen Materialismus orientiert war und noch ist. Als Paradigma gelten dort die Newtonschen Grundgesetze. Sie bleiben relative Wahrheiten. Nicht alle Wechselwirkung ist Rückkopplung, aber ohne den Rückkopplungsbegriff ist der traditionelle Wechselwirkungsbegriff arm und kann bestenfalls dem sogenannten 1. Grundzug der Dialektik zugeordnet werden, durch den auf die Omnipräsenz und Vielfältigkeit von Zusammenhängen hingewiesen wird.

Dass geringe Störungen, die aus Gespaltetsein einheitlicher Aggregate resultieren, sich hochschaukeln können, lehrt die Kybernetik positiver Rückkopplungen. Das Paar aus Störung und Rückkopplung macht dialektischen Widerspruch. Nachvollziehbar ist das mit Differentialgleichungen. Darüber habe ich 1962/63 berichtet in der Deutschen Zeitschrift für Philosophie und differenzierter 1967 in [18], wobei ich auch auf Forschungen von Lewis F. Richardson von 1960 (englischer Physiker und Friedensforscher) zurückgegriffen habe. Leider ist das von Philosophen und Wissenschaftstheoretikern, deren es Hunderte gab, nicht zur Kenntnis genommen worden.

5. Anmerkung: Nicht alle Träume zur Applikation von Differentialgleichungen außerhalb des technisch-physikalischen Bereichs sind in Erfüllung gegangen. Das erkannte ich während der Arbeit an dem umfangreichen Text [18], und als ich das Vorwort verfasste, war mir klar geworden: Das nächste Buch muss „Mathematik – Sprache – Dialektik" heißen.

Simpelste Überlegungen deuten an, worauf das hinausläuft: Weil dialektische Widersprüche in Wachstumsprozessen entstehen, müssen Wachstumsprozesse verstanden werden. Das wird aber verhindert, weil die öffentliche Meinung darauf dringt, höchstens einzelne Ereignisse zu betrachten. Nicht besser steht es, wenn die Ökonomen den volkswirtschaftlichen Prozess in Jahresabschnitte und Wachstumsraten zerstückeln, zum Beispiel in jährliche Zinsraten: Das kontinuierlich verlaufende Jahr wird auf den Silvesterabend reduziert. In Wirklichkeit können großflächige, zum Beispiel volkswirtschaftliche Prozesse als annähernd stetige Veränderungen zum Beispiel des Inlandsprodukts verstanden werden. Von einzelnen Ökonomen wird das tatsächlich anerkannt, sie experimentieren mit Wachstumsmodellen in der Sprache der Differentialgleichungen, wobei sie natürlich oft auf hypothetische Werte von Koeffizienten angewiesen sind. Wenn Makro-Ökonomie annähernd verstanden werden soll, ist beides unvermeidbar: Die Differentialgleichungen und der hypothetische Charakter von Parameter-Werten. Die meisten Ökonomen aber und fast alle Normalverbraucher verstehen nichts von Differentialgleichungen. Deshalb wird Makro-Ökonomie fast überhaupt nicht verstanden und ist ein Tummelfeld für Kartenleger, mit allen Konsequenzen für das politische Leben.

In meinem Umfeld bemerkten einzelne Ingenieure und Physiker, dass hinter der gebräuchlichen Zinseszinsformel die Differentialgleichung

$$\frac{dy}{dt} = a \cdot y$$

steht, deren Lösung die Exponentialfunktion $y = \exp(a\,t)$ ist. Als nächster Schritt war die Einsicht zu gewinnen, dass nicht alle Bäume in den Himmel wachsen. Es muss also auch an Sättigungsprozesse gedacht werden, im einfachsten Fall an die logistische Funktion. Also wäre auch an komplexere Differentialgleichungen zu denken gewesen. Diese hätten anregen können, über die zu Grunde liegenden makro-ökonomischen Prozesse und deren Beeinflussung nachzudenken. Doch das Publikum, dessen Aufklärung den Philosophen oblegen hätte, verweigerte sich schon den allerersten Einsichten. Das war einer allzu primitiven, doch universell verbreiteten Auffassung von Realität geschuldet: Die meisten Menschen berufen sich in ihren Urteilen auf den augenblicklichen Zustand der Objekte, die sie zu sehen glauben. Mit Heftigkeit und Leidenschaft, die bis zum Fanatismus geht, behaupten sie: „Ich bin Realist!“ Muss man das glauben?

Wer auch nur ein wenig Umgang mit Differentialgleichungen hat, fühlt sich zur Widerrede herausgefordert. Die sich Realisten nennen, berufen sich auf den augenblicklichen Zustand, auch wenn sie zu Recht unterstellen könnten, dass das Objekt mitsamt vieler seiner Eigenschaften veränderlich ist. Aber sie greifen sich aus der Lebenskurve, die man hypothetisch in ein Koordinatensystem eintragen könnte, nur den Augenblickswert, also einen einzigen Punkt $y = t_0$ der Kurve. Man braucht aber keinen großen IQ zu haben um zu wissen, dass in der Regel jedes y Teil eines funktionalen Zusammenhangs $y = f(t)$ ist und dass die Ableitungen von f zeigen, dass das y nicht nur schlechthin veränderlich ist, sondern auch mit einer gewissen Geschwindigkeit (Steilheit), Beschleunigung (Steilheit der Steilheit) und so weiter.

Die Leute, die am lautesten schreien, Realisten zu sein, sind es nicht. Das zeigt sich massenhaft in Diskussionen, in denen die Überwindung von Unzuträglichkeiten ansteht. Ihr Geschrei ist eine sich selbst erfüllende Behauptung: Man behauptet, es bewegt sich nichts, also bewegen sich die Menschen nicht und warten, bis das sogenannte Sein über sie kommt. Die sich Realisten nennen, begreifen nicht, dass auch die *Veränderung* in jedem Zeitpunkt zur Realität gehört. Wer das nicht begreift, wird auch nicht kreativ werden. Wer Umgang mit Differentialgleichungen hatte, dem hat sich diese Welt-Ansicht eingeprägt. Schon in dieser elementaren Bewandtnis hat sich Mathematik als Sprache der Dialektik gezeigt.

Daraus folgt, dass Philosophie, welche die Sinn-Fragen des Lebens beantworten will, an den Fragen nach Struktur der Wirklichkeit nicht vorbeikommen kann.

6. Anmerkung: Systeme von Differentialgleichungen gehören zu den Paradigmen, an denen sich die philosophische Widerspruchs-Dialektik hochziehen kann. Sogar multipolare Systeme gewinnen da an Transparenz. Und sind Gleichungen nichtlinear, können neue stabile, auch unumkehrbar unerwünschte Zustände eintreten. Dann ist mit Störgrößen-Ausregeln nichts mehr zu machen. Das begriff ich – ungewollt – als mathematisch interessierter Bürger der DDR vor 45 Jahren. Im Ausland aber – was mir erst zehn Jahre später auffiel – sind weitere Formen der Nichtlinearität erkannt worden. Dazu einige Worte.

Schon im Gymnasium lassen quadratische Gleichungen einen Spaltpilz im Lösungsgeschehen erkennen. Längst lassen sich auf Computern brisantere Nichtlinearitäten realisieren: Werden nichtlineare Ausdrücke, im einfachsten Fall der quadratische Iterator

$$y = x_{n+1} = a \cdot x_n(1 - x_n),$$

immer wieder auf sich selber angewendet, und werden zusätzlich Koeffizienten exzessiv variiert – das entspricht Energie-Einträgen in das Geschehen –, dann zeichnet sich auf dem Bildschirm das sogenannte *Feigenbaum-Diagramm* ab: Anfangs einheitliche Bahnen spalten sich in zwei und mehr Zweige. Fachleute subsumieren das in der *Chaos-Theorie*, die eine dialektische Prozess-Theorie ist. Das Feigenbaum-Diagramm und einfachste Implikationen habe ich vor Jahren in „Die Allmählichkeit der Revolution“ [22] deutlich zu machen versucht, weil es auch für Quale-Umschlagen relevant ist. Schon bescheidenste Auswertungen dieser Theorie erbringen Aufschlüsse darüber, wie dialektische Widersprüche entstehen.

Der quadratische Iterator und Hegels Entwicklung von „Sein“ lassen ahnen, was Dialektik ist. Wird der quadratische Iterator praktiziert, kommt (bei manchem Anfangswert x_1 und manchem Wert von a)

eine überraschende Folge von Werten x_n heraus. Hegels Begriffsentwicklung beginnt mit dem „Sein“. Und was tut der Dialektiker Hegel? Er entwickelt – mit der Sturheit eines Schelms, wie ein Computer – den Inhalt des „reinen Seins“ [11: S. 82-83]:

„Sein, reines Sein, – ohne alle weitere Bestimmung. In seiner unbestimmten Unmittelbarkeit ist es nur sich selbst gleich und auch nicht ungleich gegen Anderes, hat keine Verschiedenheit innerhalb seiner, noch nach außen. Durch irgendeine Bestimmung oder Inhalt, der in ihm unterschieden, oder wodurch es als unterschieden von einem Andern gesetzt würde, würde es nicht in seiner Reinheit festgehalten. Es ist die reine Unbestimmtheit und Leere. – Es ist nichts in ihm anzuschauen, wenn von Anschauen hier gesprochen werden kann; oder es ist nur dies reine, leere Anschauen selbst. Es ist ebensowenig etwas in ihm zu denken, oder es ist ebenso nur dies leere Denken. Das Sein, das unbestimmte, unmittelbare, ist in der Tat Nichts, und nicht mehr noch weniger als Nichts.“ Könnte das nicht jeder Bürger nachvollziehen, der gefragt wird: Was könnte dir einfallen, falls dich jemand nach dem reinen Sein befragt?

Vom „Nichts“ aus entwickelt Hegel das „Sein“ und aus beiden, die nicht dasselbe sind, doch sich als dasselbe erweisen, das „Werden“. Was Hegel hier geschrieben hat, ist eine gewollte Persiflage des Dialektikers auf die dumme Philosophie. Es ist, als hätte sich Hegel damit warm gelaufen, denn jetzt wird es ernst. Jetzt nämlich beginnt Hegel erst richtig: Alle wesentlichen Begriffe der Philosophie, alle wesentlichen Semanteme, die Menschen benutzen, um über Probleme des Erkennens zu sprechen, entwickelt Hegel aus ihren elementaren Stadien und in ihren gegenseitigen Relationen, darunter die Semanteme „Quantität“ und „Qualität“, womit auch sichtbar wird, wie viele verschiedene Bedeutungen mit derartigen Worten verbunden werden, ohne dass sich Nutzer solcher Worte dessen bewusst sind.

Damit hat Hegel – die Geschichte der Philosophie und des menschlichen Erkenntnisvermögens nachvollziehend – nicht nur ein dialektisches System philosophischer Begriffe geschaffen, sondern auch ein System, das als ein Muster „Konstruktiver Systematik" der Dialektik gelten kann, wie Hans Heinz Holz gefordert hat und wie ich angeregt habe seit Jahrzehnten. Solche Muster müssten – nach dem Vorbild Hegels – in größerer Anzahl geschaffen werden. Eine kurze Charakteristik seiner Dialektik gibt Hegel 1820 in den „Grundlinien der Philosophie des Rechts" [9: § 31].

Dabei wird es hilfreich sein, Hegels „Logik" zu didaktischen Zwecken in vereinfachter Form darzustellen, als Handreichung zum Lernen, als erste Anregung zum Verstehen, wie „konstruktive Dialektik" aussehen kann. Schon die Fähigkeit zum Verständnis von Hegel, Marx und aller Dialektik muss trainiert werden.

In Hegels „Logik" steckt zugleich die tiefe Wahrheit: Kommt heraus aus der Kontemplation, aus dem Frust, seid aktiv, handelt, entwickelt die Dinge aus sich selbst heraus, gleich, ob es die inhaltsvollen nachfolgenden Begriffe wie „Quantität" und „Qualität" sind oder ob es der Begriff „Zahl" ist und die Zahlensysteme – von der Mathematik und von Hegel entwickelt – oder ob es der quadratische Iterator oder sonst was ist. Selbstentwicklung ist geradezu das Wesen des Iterators, Mathematiker sprechen von „rekursiver Funktion", besser hieße es „prokursive Funktion".

Eine Abart solcher Entwicklungen demonstriert der Graphiker M. C. Escher [5]. Escher beginnt mit simplen, völlig exakten Dreiecken. In den Augen des Künstlers sind das prokursive Objekte; er sieht in ihnen die Anlage zur Selbstbewegung. Sogleich lässt Escher die Dreiecksseiten zu sanften Linien aufwallen wie die Oberfläche ruhenden Wassers, wenn es heiß und immer heißer wird. In einem zweiten Schritt lässt Escher die Wellung stärker werden, in einem dritten

Schritt noch mehr, wobei sich zugleich die Ecken des ehemaligen Dreiecks auszustülpen beginnen, immer mehr, bis sie sich der Gestalt von Flügeln nähern. So geht es weiter. Beim elften Schritt – annähernd allmählich – sind aus den ursprünglichen toten Dreiecken hochvitale Möwen geworden, die sich in den Lüften vergnügen.

Der Graphiker Maurits Cornelis Escher hat eine Vision gehabt und hat die Entwicklung – der Vision entsprechend und als Künstler gestaltend – den Dreiecken zukommen lassen: Die Dreiecke sind zunächst Symbole der Starre, sie werden zu Möwen, zu Symbolen der Vitalität. Das scheint einem Elementarprozess zu entsprechen, von dem auch die Entwicklung von Personen in der schöngeistigen Literatur lebt. Natürlich sind in der Regel in einem Werk zwei und mehr solcher Elementarprozesse miteinander verflochten. Dem entsprechen die beiden ersten Grundzüge der Dialektik nach Lenin [15: S. 212-13]:

1) Die Bestimmung des Begriffs aus ihm selbst. Das Ding selbst soll in seinen Beziehungen und in seiner Entwicklung betrachtet werden.
2) Das Widersprechende im Ding selbst, das Andere seiner, die widersprechenden Kräfte und Tendenzen in jedweder Erscheinung.

Das zielt ins Innerste des Lebens und seiner literarischen Gestaltung, wurde aber in der DDR nicht zitiert. Wenn es auch richtig ist, dass man literarische Werke nicht zu Tode analysieren soll – man könnte probieren, durch Hervorheben von Linien der Entwicklung und der Selbstentwicklung die Dialektik so manchem Leser lebendig werden zu lassen.

Vorstehende Beispiele – pädagogischer gestaltet – könnten als Muster des lehrbaren, trainierbaren dialektischen Denkens fungieren, das zu Gegensatzumschlägen und zu Spaltungen des scheinbar Monolithischen führt. Zugleich lässt sich darüber nachdenken, dass „Gegensatz-Umschlagen“ und „Spaltungen“ komplementäre Etiketten für dialektische Prozesse sind. So lernt ihr, auch euch selber zu entwickeln, ihr seid doch keine Trauerklöße, keine Monolithen.

Inzwischen habe ich auch empirisches Material zu Spaltungen in Bürgerbewegungen und Parteien. Ich musste Ursachen und Formen solcher Spaltungen erkennen, auch unter gnoseologischen und psychologischen Aspekten. Das alles wäre Stoff zur Lehre von Dialektik der Ausgebeuteten und Gedemütigten. Dem kann man das Etikett „innere Widersprüche“ anheften, aber man muss es begreifen, um es zu gestalten. Dazu wiederum muss die Dialektik von quantitativen und qualitativen Wandlungen verstanden werden. Dem war in Stalins Nomenklatur der 3. Grundzug der Dialektik zugeordnet.

Anmerkungen zum dritter Grundzug der Dialektik (Stichwort „Quale-Wandel“)

Stalin hatte mit seinem dritten Grundzug der Dialektik viele Menschen beeindruckt. Das Personal des sog. Marxismus-Leninismus kam bis heute nicht los von Stalin: Stalin quer zu Marx, niemand bemerkte es.

Stalin unterstellte, Wandlungen seien anfangs nur quantitativ, nicht qualitativ von Anfang an, Quanta müssten sich erst ansammeln, um ins Qualitative umzuschlagen. Erst das eine, dann das andere. Daraus folgert Stalin, Quale-Wandel würde plötzlich eintreten. Das ist Bürokraten-Logik: Erst gar nichts, dann alles auf einmal. Es ist leider auch die Logik des kleinen Mannes. Aber es stimmt nicht einmal für das Wasser in realen Gefäßen. Niemand hat je erlebt, dass flüssiges H_2O im Kochtopf plötzlich verdampft. Schmelzpunkt und Siedepunkt werden lokal erreicht, dabei entstehen retardierende Prozesse, komplizierte Wechselwirkungen. Integral gesehen wandeln sich reale Wassermengen allmählich. Stalin widerspricht dem Augenschein. Das ist georgische Priesterschule.

Doch überall, wo Augen-Schein wirklich trügt, besteht Stalin auf dem Schein. Die Frage ist nämlich überhaupt nicht, ob Quale-Wandel von Anfang an sichtbar ist. Materialisten hätten Stalin subjektiven Idealismus vorwerfen müssen. Wahr ist nämlich: Wir *abstrahieren* von qualitativem Wandel. Gründe liegen in der objektiv bedingten Praxis. Indirekt lernen das Ingenieure und Physiker im ersten Semester. Sie arbeiten mit vereinfachten, mit linearisierten Formeln, sonst wird alles zu umständlich. Bei exzessiven Wandlungen – das wissen Physiker und Ingenieure – gelten aber Funktionen, die nichtlinear sind, wo also Variable in einer von eins verschiedenen Potenz stehen. Nur wird das aus praktischen Gründen vernachlässigt. In polemischer Überspitzung kommentierte ein Mathematiker [2: S. 211]: Mit überzogenen Linearisierungen hat man „die einzige Möglichkeit eingebüßt, [...] sich mit der Realität auseinanderzusetzen".

Gewiss ist das überspitzt. Es gibt Lehrbücher der dezidiert nichtlinearen Elektro-Technik. Auch Ballistiker der Artillerie kennen die Nichtlinearität. Doch Unteroffiziere konnten damit in Schwierigkeiten geraten. Erich Loest erzählt in seiner Biografie, wie ein Feldwebel den Hitlerjungen erklärte, „das Geschoss würde nach dem Verlassen des Laufs eine Weile geradeaus fliegen, bis Erdanziehung und Luftwiderstand die Flugbahn krümmten," worauf die Gymnasiasten behaupteten, „das stimme nicht, sofort wirkten diese Faktoren, schon im ersten Millimeterbruchteil." Der Feldwebel wiederholte seine Ansicht, doch der Gymnasiast Erich Loest „blieb hartnäckig, der Feldwebel jagte den Aufsässigen um den Block. [...] Die Unteroffiziere sahen in L. einen Schnösel von der Oberschule, der sich über sie lustig machte".

Praxisbedingt sind viele Ingenieurformeln linearisiert, und die meisten Menschen sind gewöhnt, ausschließlich linearisiert zu denken. Für die Philosophie aber geht es um mehr. Hegel war es, der die Nichtlinearität erkannt hat, als er die Kategorien „Qualität" und „Quantität" untersuchte. In der „Wissenschaft der Logik", Lehre vom Sein, spricht Hegel von Potenzen-Verhältnissen. Damit wird von Anfang an nicht nur quantitativer, sondern auch qualitativer Wandel ausgewiesen. Das wäre im gesellschaftswissenschaftlichen Pflichtstudium in der DDR leicht erklärbar gewesen. Man hätte nur Marx und Engels lesen müssen. Diese beiden benutzten zur Erläuterung ein Beispiel nach Napoleon mit unterschiedlichen Reiterverbänden (MEW 14, S. 308, auch MEW 20, S. 120):

- 2 Mameluken sind 3 Franzosen überlegen.
- 100 Mameluken sind 100 Franzosen gleichwertig.
- 300 Franzosen würden wohl 300 Mameluken besiegen.
- 1000 Franzosen würden immer 1500 Mameluken schlagen.

Marx war durch das Modell angeregt, die Möglichkeit von Mehrwertproduktion zu begründen. Verschieden große Kooperationen nebeneinander hat sich Marx vorgestellt, also etwa eine Kooperation aus 10 Werktätigen, dann aus 20, aus 50, aus 100 usw. Marx zeigte, dass sich Möglichkeit zur Mehrwert-Produktion aus nichtlinear variierenden Größenverhältnissen ergibt (MEW 23, Kapitel „Kooperation"), analog, wie durch Wandel von Quanta das Quale der Reiterverbände von Anfang an wächst. Einzelkämpfer-Quale schlägt allmählich um. Mit Blick auf allmählichen Wandel sagte schon Goethe: „Vernunft wird Unsinn, Wohltat Plage". Auch das war Friedrich Engels aufgefallen. Quale geht allmählich über aus Unter- in Überlegenheit, sie wandelt sich permanent mit dem Quantum. Und selbst, wenn Bürokraten einen Punkt markieren, der Übergang vollzieht sich allmählich. Fuzzy-Geometrie macht das noch deutlicher.

Clausewitz hat das vorweggenommen. Wer Meilensteine setzt, will sich vor allem selber feiern.

Hält man sich das Modell von Napoleon und Marx wiederholt vor Augen, erkennt man auch den Zusammenhang zwischen Nichtlinearität und dem Weltgesetz „Das Ganze ist mehr als die Summe der Teile“. Das Ganze einer Wandlung äußert sich von Anfang an gegenüber linearem Wachstum als Surplus-Effekt, ausgedrückt in Nichtlinearität. Man spricht dann auch von progressivem bzw. degressivem Wachstum. Leider gilt in den Schulen fast nur die lineare Algebra, wo es egal ist, ob und wie man in mehrgliedrige Additionen Klammern einstreut. So wird durch den Schulunterricht nicht nur ein schiefes Bild der Mathematik erzeugt, sondern auch eine Abstraktion vom Ganzen verhindert, das mehr ist als die Summe seiner Teile.

Die bürokratische Fassung der linearen, rein linear-summativen Anhäufung quantitativen Wandels hätte ersetzt werden müssen durch die Frage: Wieso unterscheiden wir überhaupt quantitative und qualitative Änderungen? Steinzeit-Menschen kannten diese Unterscheidung nicht. Wieso? Welche Rolle haben Abstraktionsprozesse gespielt?

Stalin hat religiöse Illusionen gestützt per Abstraktion vom permanenten Quale-Wandel. Er hätte sagen können: Wenn deutlich wird, dass sich die Abstraktion nicht mehr halten lässt, dann glauben wir, es träte ein plötzlicher Übergang ein. Auch die Alltags-Menschen nehmen die Illusion für bare Münze, weil sie überwiegend keine Prozesse wahrnehmen, sondern singuläre Ereignisse. Die Medien sind ganz geil, den Menschen Ereignisse zu bieten und nichts als Ereignisse, die punktuell sind, ohne Entwicklung zu reflektieren. Das ist Opium.

Von religiösem Wahn möchte ich auch sprechen, wenn Leute, die sich als links verorten, der Meinung huldigen: Jetzt haben wir Kapitalismus, da können wir sowieso nichts machen, da bleiben wir am besten zu Hause, bis ein großer Kladderadatsch den Kapitalismus hinweggefegt hat, dann sind wir wieder da.

Bei derart absurder Auffassung vom Quale-Umschlagen ist auch das Verhältnis von Reformen verschiedenen Typs der Dialektik entzogen. Es gibt nämlich Reformen ganz verschiednen, ja entgegengesetzten Typs. Typ A ist entwicklungsneutral. Beispiel: Hartz IV als Zusammenlegung von Arbeitslosenhilfe und Sozialhilfe. Typ B festigt bestehende Herrschafts-Verhältnisse. Beispiel: Hartz IV als Instrument zur De-Vitalisierung von Arbeitslosen und als Schreckmittel für die, die noch einen Job haben. Die Typen A und B überwogen bisher in der Geschichte. Dagegen bewirkt Reform des Typs C zweierlei: Ein rasches Ergebnis wird erzielt, das zugleich ein Ergebnis ist, welches den Wandel des gegenwärtigen Quale in eine neue Gesellschaft voranbringt. Das Kräfteverhältnis wird gewandelt, Spielräume werden verändert: Enger für die Konzerne, weiter für die Notleidenden. Ein Beispiel wäre eine allgemeine Verkürzung der Arbeitszeit, Arbeit und Freizeit für alle, Spielräume und Kraft, um politische Freiheiten wahrzunehmen, die durch das Grundgesetz verbrieft sind: Kampf um Menschenwürde und Schach dem Eigentum, das seine Pflichten verletzt. Menschliche Kräfte würden der Abtötung entrissen. Würden Reformen des Typs C erkämpft, ist der Kapitalismus nicht mehr wie zuvor – es entstehen Elemente einer Gesellschaft aufrecht gehender Bürger. Das Philosophikum ist strategisch bedeutsam. Aber es ist ja noch nicht mal zur Kenntnis genommen worden, dass Karl Marx in seinem Hauptwerk *Das Kapital, Erster Band* geschrieben hat: „[...] abstrakt strenge Grenzlinien scheiden ebensowenig die Epochen der Gesellschafts- wie der Erdgeschichte.“ (MEW 23, S. 391).

Die Menge der Marx-Engels-Dokumente, die dasselbe bedeuten, ist erdrückend, die Gedanken zur Nichtlinearität in MEW 14, 20 und 23 gehören dazu. Zwölf Jahre nach der Wende verwies ich einen Professor für Marxismus-Leninismus darauf. Da schrie der Professor „nein, nein, nein." Als ich danach in meinem Vortrag ausführlicher über die Quellen gesprochen hatte, sagte der ML-Prof. nur das eine: Marx wäre eben auch nur ein Mensch gewesen. Da hatte ich Mühe, meine Verachtung zu zügeln.

Indem Hegel die Zwangsläufigkeit von Potenzen-Verhältnissen enthüllt, also von Nichtlinearität, beweist er, dass sich Quale permanent wandelt, wenn sich etwas quantitativ wandelt. Ausgerechnet in diesem Punkt versagt Lenin, der Hegel hoch verehrt hatte. Lenin schreibt: „Ohne Studium der höheren Mathematik ist das alles unverständlich." [15: S. 110 f.].

Da Lenin Hegels „Potenzenverhältnis" nicht verstehen konnte, fragte er: Wodurch unterscheidet sich der dialektische Übergang von einer Qualität zur anderen? Lenins Antwort: „Durch das Abbrechen der Allmählichkeit." [15: S. 272, auch S. 339]. Lenin spricht von „Sprung". Heute reden Schwätzer gar von „Quantensprung". Hegel hatte aber gemeint: Veränderung des Quantums „ist zugleich wesentlich der Übergang einer Qualität in eine andere" [15: S. 345.]. Hegel konzediert Allmählichkeit, er fügte nur hinzu: Allmählichkeit erklärt nicht den Quale-Wandel. Hegels Antwort liegt in der Dialektik, die er enthüllt auch via Nichtlinearität.

Hat Lenins Fehlinterpretation Einfluss gehabt auf die Geschichte? Ich glaube „ja", und zwar unmittelbar nach dem Oktober-Aufstand. Das habe ich vor fünf Jahren untersucht. Erst im April 1918 relativiert Lenin seine Plötzlichkeitsthese und ersetzt sie durch die Frage „Langsamer oder schneller" [14, S. 264]. Das ist aber auch noch nicht Hegel oder Marx. Einheit von Quantum und Quale ist keine Frage der Zeit, sondern der Dialektik eines Phänomens, das durch Abstraktion zerspalten ist. Abstraktion ist wie Feuer, von welchem Schiller sagt: „Wohltätig ist des Feuers Macht, wenn es der Mensch bezähmt, bewacht. [...] Doch furchtbar wird die Himmelskraft, wenn sie der Fessel sich entrafft.“

Die Himmelskraft vom Stamme „Abstraktion“ hat Hegel verstanden. Von Anfang an in seiner Begriffsentwicklung sagt Hegel vom Quantum: „Die Gleichgültigkeit der Bestimmtheit macht seine Qualität aus, d.i. die Bestimmtheit, die an ihr selbst als die äußerliche Bestimmtheit ist.“ [Hegel-11: S. 252]. Oder: „Die Qualität des Quantums [...] ist seine Äußerlichkeit überhaupt.“ [11: S. 372]. Oder „Die Äußerlichkeit der Bestimmtheit ist die Qualität des Quantums.“ [11: S. 382]. Und so geht das bei Hegel von Anfang an in seiner Begriffsentwicklung, in der er Wohltätigkeit und verheerende Kraft der Abstraktion recherchiert als Dialektiker und Kriminalist. Menschen haben in Jahrtausenden „Quantität“ durch Abstrahieren von „Qualität“ geschieden und verselbstständigt. Das hat dazu beigetragen, Welt zu erkennen. Doch es hat auch Folgen gehabt, Risiken und Nebenwirkungen. Dialektische Widersprüche sind zwischen „Quantität“ und „Qualität“ entstanden. Hegel hat sie kenntlich gemacht und zu überwinden gelehrt. Goethe, der sich mit Hegel gut verstand, hat dazu ein Dichterwort parat: „Natur ist weder Kern noch Schale, alles ist sie mit einem Male.“ Doch Bürokraten betonieren Abstraktionen. Bürokraten applizieren Brachialgewalt, wie das heute an ostdeutschen Siedlungen und Schulen praktiziert wird.

Mathematik und Philosophie pflegen unterschiedliche Ambitionen und Sprachen. Hegel hat sie zum Nutzen beider Wissenschaften genial zur Korrespondenz gebracht, auf 200 Seiten, auch Physik und Chemie im Blick. Hegel hat sogar einige Begriffsentwicklungen der Mathematik vorausgespürt. Vor allem wollte Hegel Dialektik als

Wissenschaft. Ein ungeheures Anliegen! Hegels Logik hätte da eine 3. Auflage verdient, doch Hegel wurde nur 61 Jahre alt. Wo er den Begriff „Matrix von Maßverhältnissen“ einbringt, stimmt noch alles, dort klingt sogar ein fraktaler Gedanke an, nur das Wort „Matrix“ kennt Hegel noch nicht, seine Interpreten erst recht nicht.

Hegel hat recht gegen die Philosophen. Nur – auf den letzten 18 Seiten hat Hegel Korrespondenzen realer Bewandtnisse nicht angemessen spezifiziert, das haben seine Interpreten auch nicht bemerkt. Im Umfeld seines Reizwortes „Knotenlinie von Maßverhältnissen“ [11: S. 435] hat Hegel Bezugsebenen von Beispielen vermengt. Unbemerkt. Die so entstandenen Vogelscheuchen hat er dann beschossen. Das Reizwort „Knotenlinie“ sollten wir vergessen. Matrix-Darstellung muss an seine Stelle treten.

Ganz richtig aber blieb Hegel durchgehend dabei, die Allmählichkeit von Wandlungen erkläre nicht den Quale-Wandel. Doch permanenten Quale-Wandel hat er nachgewiesen. Nach titanischer Arbeit ist er erschöpft. Da unterläuft ihm der Fehler, den er auf 200 Seiten überwunden hatte. Dergleichen kann den Cleversten passieren. Dem wackeren Einzelkämpfer Hegel werde das verziehen, doch ganzen Scharen Lehrbuch-Machern? „Quod licet Iovi, non licet bovi.“

Übrigens hat Hegel auch die sogenannten *Elenchen* [11: S. 396] kommentiert. Nur hat noch kein Hegel-Interpret bemerkt, was Hegel über Nichtlinearität alias Potenzen-Verhältnis und über Elenchen schrieb. Lenin dagegen ist ehrlich gewesen.

Hegel hat allmähliche Proportionsverschiebungen beim Wachstum von Städten gesehen: Das Quantum ist die Seite, an der ein Dasein unverdächtig angegriffen wird. Es ist die List des Begriffes, ein Dasein anzufassen, wo seine Qualität nicht ins Spiel zu kommen scheint. Obwohl es daran keinen Zweifel gibt, hat für die unausgegorene Idee überdimensionierter Luftschiffe und Abwasseranlagen

– für Giga-Projekte – die Regierung Brandenburgs Hunderte Millionen verschleudert. Da müsste Strafgesetzbuch § 266 „Untreue“ greifen.

Auch Wärmehaushalt und Körpermechanik von Tieren hängen ab vom Verhältnis zwischen Körperlänge, Oberfläche und Volumen des Körpers: Oberfläche wächst in zweiter Potenz zur Schulterhöhe, Volumen in dritter Potenz. Das beeinflusst allen Stoffwechsel der Lebewesen und die Evolution. Jahrzehnte nach Darwin wird dergleichen „Allometrie“ genannt und ist unübersehbar.

Nichtlinearität im Größen-Wandel eines Objekts bedeutet: Proportionen zwischen dessen Komponenten – also Eigenschaften – ändern sich. Mathematik macht das verständlich. Zum Beispiel fürs Verhältnis „Kapital/Arbeit“ bedeutet das Verschiebungen in den Handlungsspielräumen. Also ist Kapital nicht gleich Kapital.

Quale-Wandel, der sich in Schaumkronen andeutet, wenn er in den Tiefen längst im Gange ist, können wir verstehen, wenn wir nicht abstrahieren von der Nichtlinearität in der Entwicklung von Relationen innerhalb eines Quale. Wenn sich Relationen verschieben, dann wandeln sich Eigenschaften. Das hatte auch Lenin Hunderte Male richtig gesehen. Eigentlich sind es Bürokraten und kleine Leute, die allmählichen Quale-Wandel verleugnen, weil sie ihn in ihrer begrenzten Weltsicht nicht wahrnehmen, sie ergötzen sich an Ereignissen als den Schaumkronen auf der Oberfläche von Flüssen. Quale-Wandel von der Daseinsform „Zeit“ her zu definieren ist schlichtweg unangemessen. Von „Allmählichkeit der Revolution“ spreche ich, um zu provozieren. Dialektik im Inneren kann sich in zeitlicher Form äußern, doch die Geschwindigkeit ist nicht ihr Wesen.

Hegel hat im Zusammenhang mit Potenzverhältnissen nicht nur das Wort „Maß“ gebraucht. Hegel hat mehr noch gedacht an multiple Maß-Verhältnisse. Das sind zugleich Indikatoren der Multipolarität des Widerspruchssyndroms. Multiple Maßverhältnisse im Sinne habend verallgemeinert Hegel den Begriff des Exponenten einer Variablen. Exponent im Sinne Hegels kann im Rahmen multipler Maßverhältnisse ein System nichtlinearer Gleichungen sein, auch nichtlinearer Operator-Gleichungen. So hat Hegel das Prinzip der Nichtlinearität in der Philosophie verankert. Allmählichkeit erklärt nichts, aber Nichtlinearität erklärt das Quale-Umschlagen und dessen Allmählichkeit.

Vereinzelt war Hegel nicht exakt. Richtig sagt er, die Änderung der Größe ist dem Etwas „nicht gleichgültig", es bleibt nicht, was es ist, "sondern die Änderung änderte seine Qualität." (S. 343). Nur heißt das nicht, dass ein fixes Quantum existiere, wo das Etwas „zugrunde ginge" (S. 343). Zwischen „Änderung" und „Untergang", zwischen „Untergehen als Prozess" und „vollendetem (oder gar plötzlichem Untergang)" ist wohl zu unterscheiden. Statt „Untergang" wäre korrekt gewesen: „Ein Etwas schickt sich über sich hinaus". Im Vorwort zur zweiten Auflage der Logik bat Hegel um Nachsicht. Das war am 7. November 1831. Sieben Tage später hatte ihn die Cholera dahingerafft.

Lehrbarkeit der Dialektik als pädagogisches Problem

Grundzüge der Dialektik sind gut, um allererste Aufmerksamkeit zu erregen: Was ist Dialektik? Gut ist auch zu wissen, dass biologische Arten und Gesellschaftsformationen sich entwickelt haben. Manchmal wird ein Freund der Dialektik seinen Zeitgenossen sagen: Leute, wendet die Entwicklungslehre an. Selbst Lenin hat zuweilen so gesprochen (z.B. in „Staat und Revolution"), und wenn man die Entwicklungslehre „anwendet", ist das ein erster Schritt zum dialektischen Denken.

Doch nachhaltig ist das nicht. Eine Doktrin auf Objekte „anzuwenden“ wird der Dialektik nicht gerecht. Man muss trainiert sein, Objekte, Zustände, Begriffe gedanklich zu explorieren. Man muss deren Eigenschaften (begriffliche Bestimmungen) aus den Keimen entwickeln. Das muss dem Weltbürger in Fleisch und Blut übergehen, dann wird er Dialektiker. Eine Vorstellung davon hat Hegel gegeben, als er explorierte, was „Sein“ und „Nichts“ ist. Hegels Logik ist eine riesige Exploration philosophischer Begriffe. Vergleichbar damit ist *Das Kapital* von Marx. Beide Werke sind für den Nutzer sehr anspruchsvoll. Mit einmal Lesen ist es nicht getan. Manchmal ist schon mit einzelnen Gruppen von Sätzen zu ringen. Allmählich versteht man die „Logik“, Verzeihung – Dialektik.

Geniale Menschen sind unbewusste Dialektiker. Sie haben so etwas in ihrem Hinterkopf. Als Dialektiker im Geiste Hegels und als früher Kybernetiker exemplifiziert das Clausewitz [3: Zweites Buch, 6. Kapitel] vermittels Napoleons Handlungsproblematik im italienischen Feldzug 1797. In Erfindungen hervorragender Ingenieure habe ich Dialektik gesehen. Aber erstens wird das in der Patentschrift nicht zum Ausdruck gebracht, und zweitens sind Erfinder zunächst schockiert, wenn man sie bittet: Lassen sie mich mal ihre Erfindung mit meinen Worten ausdrücken. Danach sind sie angenehm überrascht, als hätten sie das Christkindlein gesehen.

Dialektik zu erlernen und zu trainieren ist sehr aufwändig. Zwischen den Extremen „Gar nichts“ und „Hegel/Marx“ sind Sprossen auf Hegels Leiter zu finden, Zwischenstufen. Die Gruppe der Grundzüge kann ein erstes Zwischenstadium sein. In vorstehendem Text sind mehrere Vorschläge enthalten. Mathematik und Kybernetik gehören dazu. Jetzt noch ein weiterer Vorschlag.

So wichtig auch immer Grundzüge der Dialektik für alle Propädeutik sind – Begriffsentwicklungen müssen auch zum täglichen Leben in

Bezug gesetzt werden. Auch das ist in [22] begonnen worden. Leicht sieht man, dass z.B. Hegels Figur des „Fürsichseienden“ für „Apartheit“ steht, wohin der Liberalismus tendiert und wo die Parteien einschließlich Linkspartei angekommen sind. Das bremst den Aufrechten Gang zu einer humanen Welt, in der kein Mensch mehr gedemütigt würde. Zu solchen Dialektika habe ich Material aus praktischer Arbeit als Bürgerrechtler. Und dann gibt es auch noch ganz trivialen Stoff, nämlich alltägliche Sätze, in denen das Wort „aber“ vorkommt. Was will man ausdrücken, wenn man das Wörtchen „aber“ verwendet? Ist also auch im Alltäglichen manchmal ein kleines bisschen Dialektik?

Nun schlage ich vor, die Leibniz-Sozietät möge einen Studienkreis für Dialektik bilden, zwei Drittel der Mitglieder mit einer eins in Mathematik oder einem höheren Zertifikat. Vielleicht würden meine Ingenieur-Kollegen mitwirken. Drei Voll-Mathematiker müssten dabei sein. Wir sollten Brücken schlagen zu Kennern der Künste und zu Promotern der De-Eskalation. Doch ohne Hegel geht es nicht: „Erst was vollkommen bestimmt ist, ist zugleich exoterisch, begreiflich und fähig, gelernt und das Eigentum aller zu sein. Die verständige Form der Wissenschaft ist der allen dargebotene und für alle gleichgemachte Weg zu ihr [...]“ [11: S. 19].

Anhang I.

a) Der Deutschen Gesellschaft für Kybernetik, vor allem Prof. Siegfried Piotrowski (Paderborn), gebührt Dank für das Interesse zur Rekonstruktion des Aufstiegs und der Schwierigkeiten der Kybernetik in der DDR. In einer Reihe von Kolloquien ab 1999 hatte die Deutsche Gesellschaft für Kybernetik Zeitzeugen und Aktivisten des schwierigen Aufstiegs zusammengerufen. Nicht alle haben den Aufstieg betrieben, doch sie haben erneut das Wort ergriffen.

Die Deutsche Gesellschaft für Kybernetik hat recherchiert und Aktivisten nach vielen Jahren erneut zusammengeführt. In einem Vortrag und in mehreren Diskussionsbeiträgen hatte ich vornehmlich die tiefgreifenden Korrespondenzen von Dialektik und Mathematik/Kybernetik behandelt. Früher oder später wird das auch noch publiziert werden.

b) Alsbald nahm die Deutsche Gesellschaft für Kybernetik auch Verbindung zur Leibniz-Sozietät auf. In einem korporativ veranstalteten zweitägigen Kolloquium 2002 [6] wurde versucht, den 1912 geborenen und 1974 verstorbenen Georg Klaus zu würdigen. Auch dort habe ich die Korrespondenz von Kybernetik und Dialektik zur Sprache gebracht [23]. In einer kurzen Notiz habe ich auch auf die Arbeit der Kybernetik-Kommission des Forschungsrates der DDR hingewiesen. Daran hätte im neuesten Sammelband angeknüpft werden können.

c) Beide Korporationen luden für November 2007 zu einer Veranstaltung ein mit den zwei sinnverwandten Titeln „Kybernetik – evolutionäre Systemtheorie – Dialektik“ und „Kybernetik und Dialektik“. Zum ersten Mal nach vielen Jahrzehnten wurde versucht, dem Begriffspaar Dialektik/Kybernetik ein ganzes Tagungsprogramm zu widmen.

d) Schon Jahre zuvor hatten beide Korporationen den Sammelband [4] inauguriert. Für den Anfang 2007 gedruckten Sammelband hat Frank Dittmann in engagierter, mühevoller Kleinarbeit 20 schriftliche Beiträge akquiriert und druckfertig formatiert. Ich weiß nicht, ob Frank Dittmann dafür den hochverdienten Lohn empfangen hat. Deshalb bin ich Frank Dittmann auch nicht böse, dass einer meiner beiden in seiner Hand befindlichen druckfertigen Beiträge der Weiterleitung an den Verlag entgangen ist. Niemand ist in der Lage gewesen, Herrn Dittmann für seine anspruchsvolle Arbeit einen dotierten Forschungsauftrag zu vermitteln. Deshalb wäre es unbillig, ausgerechnet ihn dafür verantwortlich zu machen, dass mit der umfangreichen Publikation nicht alle Probleme gelöst worden sind, die zwangsläufig auftreten, wenn man eine komplizierte Komponente der Wissenschaftsgeschichte Revue passieren lassen möchte. Frank Dittmann hat es vermocht, einen engagierten Berichterstatter von Werken des früh verstorbenen Manfred Peschel in die Edition einzubeziehen, nämlich Herrn Seising.

Freilich wären durch Zusammenarbeit mit Zeugen und Mitgestaltern der Kybernetik in der DDR einige Defizite vermeidbar gewesen: Wichtige Ereignisse wären ausnahmslos richtig eingeordnet worden, die Leistungen des Forschungsrates der DDR ab 1968 wären gewürdigt worden. Kenntlich gemacht worden wären auch die verderblichen Folgen der Ungleichmäßigkeit des Aufstiegs der Kybernetik in der DDR, die sich ab 1968 in Karrierismus und Opportunismus äußerten. Vor allem ab 1968 rief das den Widerstand seriöser, wenn auch konservativer Wissenschaftler und Ingenieure hervor. In meinem Lebenslauf werde ich darüber berichten. Einige Andeutungen unten in den beiden folgenden Supplementen.

Anhang II.

Nach wiederholter Durchsicht von Texten im Sammelband [4] gebe ich hiermit zu Protokoll:

a) Zum Widerspruch herausfordernd ist die Überschrift eines Kapitels auf Seite 13, welche lautet: „Das Verdikt von 1969“. Diese

Formel nimmt unmittelbar bezug auf den Titel des Sammelbandes und ist deshalb von grundlegender Bedeutung. Bekanntlich können geschichtliche Prozesse nicht monokausal erklärt werden. Gewiss hat es 1969 eine restriktive, den Aufstieg bremsende autoritative Verlautbarung gegeben von Kurt Hager, Mitglied des Politbüros und des Sekretariats des ZK der SED. Hager war dort zuständig für die Bereiche Hoch- und Fachschulwesen, Volksbildung, Gesundheitswesen und darüber hinaus für ideologische Fragen. In der Praxis sprach man kurz von „Bereich Hager“. Multi-kausal gesehen könnte Hagers „Verdikt“ partiell auch inspiriert gewesen sein durch den ausufernden Karrierismus, vor dem ich ja selber auch gewarnt hatte. (s.u.)

Hager war aber nicht verantwortlich für die Bereiche Wirtschaft, wirtschaftsnahe Forschung und den Forschungsrat der DDR. Dafür war sein gleichrangiger Kollege Günter Mittag zuständig, in der Praxis sprach man vom „Bereich Mittag“. Als Hager restringierte, war im Bereich Mittag eine neue, der Kybernetik förderliche Initiative angelaufen. Deshalb führt die Formel „Das Verdikt von 1969“ in die Irre. Unzufrieden mit der Entwicklung der kybernetik-relevanten Forschung in der DDR hatte sich der hochangesehene, mathematisch beschlagene Psychologe Prof. Friedhart Klix, der wenig später auch zum Präsidenten der Weltföderation der Psychologen gewählt wurde, an den Vorsitzenden des Forschungsrates der DDR, Prof. Max Steenbeck (Physiker, Magneto-Hydro-Dynamik) gewandt.

Der Forschungsrat der DDR war ein demokratisch arbeitendes Organ. Seine Mitglieder wurden vom Ministerrat zu dessen Beratung berufen. Seine primären Gliederungen waren sog. Gruppen, z.B. für Mathematik, Physik, Chemie, Maschinenbau, Medizin, insgesamt schätzungsweise knapp 100 Personen. Außerdem gab es etliche Zentrale Arbeitskreise (ZAK) mit Mitgliedern aus der Akademie der Wissenschaften, aus Hochschulen und aus der Industrie, schätzungsweise 300 Personen. Mitte 1968 wurde Klix von Steenbeck eingeladen, die Beratung fand in Steenbecks Residenz an der Otto-Grotewohl-Straße statt und dauerte drei Stunden. Klix wurde von Steenbeck gebeten, eine Kybernetik-Konzeption für den Vorstand des Forschungsrates auszuarbeiten und geeignete Mitwirkende zu gewinnen. Als Mitarbeiter des Ministeriums für Wissenschaft und Technik habe ich an der Beratung teilgenommen, im Auftrag des Ministers hatte ich die Kybernetik-Kommission hinfort als deren Sekretär zu unterstützen.

Gleich zu Beginn überschritt ich meine dienstliche Kompetenz und fertigte einen Entwurf für die Konzeption. Der Minister erfuhr davon, mir wurde hinterbracht, er habe geflucht. Da meldete ich mich beim Minister und wurde sofort empfangen. Der Minister belehrte mich freundlich und ließ erkennen, dass er meinen Eifer hoch schätze. Ich erwähne das, um zu dokumentieren, dass man als verantwortungsbewusster Bürger der DDR sehr wohl Möglichkeiten hatte, sich bemerkbar zu machen. Ich habe das auch später genutzt.

Ende August 1968 (es muss der 22. des Monats gewesen sein) trat die Kybernetik-Kommission zum ersten Mal zusammen. Ihr gehörten an: Prof. Karl Reinisch (Ilmenau), Prof. Helmut Thiele (Berlin), Prof. Hans Drischel (Leipzig), Prof. Günter Tembrock (Berlin), Prof. Ulrich (Greifswald), Prof. Friedhart Klix als Vorsitzender.

Literatur

[1] Rudolf Bahro. Die Alternative. Zur Kritik des real existierenden Sozialismus. Hamburg 1977.

[2] Leon O. Chua. Zitiert nach Heinz-Otto Peitgen, Hartmut Jürgens, Dietmar Saupe. Chaos, Bausteine der Ordnung. Stuttgart 1994. ISBN 978-3-6089-5435-7.

[3] Carl von Clausewitz. Vom Kriege. Ausgabe 1957.

[4] Frank Dittmann, Rudolf Seising (Hrsg.). Kybernetik steckt den Osten an: Aufstieg und Schwierigkeiten einer interdisziplinären Wissenschaft in der DDR. Berlin 2007. ISBN 978-3-89626-603-3.

[5] Maurits Cornelis Escher. Befreiung. Lithografie 1955.

[6] Klaus Fuchs-Kittowski, Siegfried Piotrowski (Hrsg.). Kybernetik und Interdisziplinarität in den Wissenschaften – Georg Klaus zum 90. Geburtstag. Abhandlungen der Leibniz-Sozietät, Bd. 11. Berlin 2004. ISBN 3-89626-435-4.

[7] Klaus Fuchs-Kittowski, Rainer E. Zimmermann (Hrsg.). Kybernetik, evolutionäre Systemtheorie und Dialektik. Berlin 2009. ISBN 978-3-89626-919-5.

[8] Johann Wolfgang von Goethe (1819). West-östlicher Divan. `http://www.deutschestextarchiv.de`.

[9] Georg Wilhelm Friedrich Hegel. Grundlinien der Philosophie des Rechts. `http://www.zeno.org`.

[10] Georg Wilhelm Friedrich Hegel. Phänomenologie des Geistes. `http://www.zeno.org`.

[11] Georg Wilhelm Friedrich Hegel. Wissenschaft der Logik. `http://www.zeno.org`.

[12] Hans Heinz Holz. Weltentwurf und Reflexion: Versuch einer Grundlegung der Dialektik. Stuttgart 2005. ISBN 978-3-476-02071-0.

[13] Günther Kröber. Kybernetik als mathematische Theorie dialektischer Widersprüche. In [4: S. 87-94].

[14] Wladimir I. Lenin. Werke, Bd. 27.

[15] Wladimir I. Lenin. Werke, Bd. 38.

[16] Hansjürgen Linde. Gesetzmäßigkeiten, methodische Mittel und Strategien zur Bestimmung von Erfindungsaufgaben mit erfinderischer Zielstellung. Dissertation, TU Dresden 1988.

[17] Gottfried Stiehler. Der dialektische Widerspruch – Formen und Funktionen. Berlin 1966.

[18] Rainer Thiel. Quantität oder Begriff? Der heuristische Gebrauch mathematischer Begriffe in Analyse und Prognose gesellschaftlicher Prozesse. Berlin 1968.

[19] Rainer Thiel. Mathematik, Sprache, Dialektik. Berlin 1975.

[20] Rainer Thiel. Über einen Fortschritt in der Aufklärung schöpferischer Denkprozesse. Deutsche Zeitschrift für Philosophie 1976, Nr. 3.

[21] Rainer Thiel. Marx und Moritz: Unbekannter Marx – Quer zum Ismus. Berlin 1998. ISBN 978-3-8962-6153-3.

[22] Rainer Thiel. Die Allmählichkeit der Revolution. Blick in sieben Wissenschaften. Berlin 2000. ISBN: 978-3-8258-4945-7.

[23] Rainer Thiel. Georg Klaus, die Dialektik, die Mathematik und das lösbare Problem disziplinärer Philosophie. In [6: S. 251 f.].

[24] Rainer Thiel. Wie wird Dialektik nutzbar als Heuristik? Erwägen Wissen Ethik. Heft 2 (2006). S. 230.